LA CULTURE

DE LA

BETTERAVE

A L'USAGE DES

Cultivateurs & Fabricants de Sucre

PAR

Ferdinand KNAUER

Fabricant de Sucre et Propriétaire, à Groebers, province de Saxe
Membre du Conseil d'Agriculture en Allemagne,
du Collège d'Économie rurale de la Prusse, etc.
Membre de la Chambre des Députés.

Traduit d'après la sixième Édition allemande, augmentée et corrigée

AVEC 29 GRAVURES IMPRIMÉES DANS LE TEXTE

BEAUVAIS

LIBRAIRIE H. TRÉZEL, RUE SAINT-PIERRE

—

1886

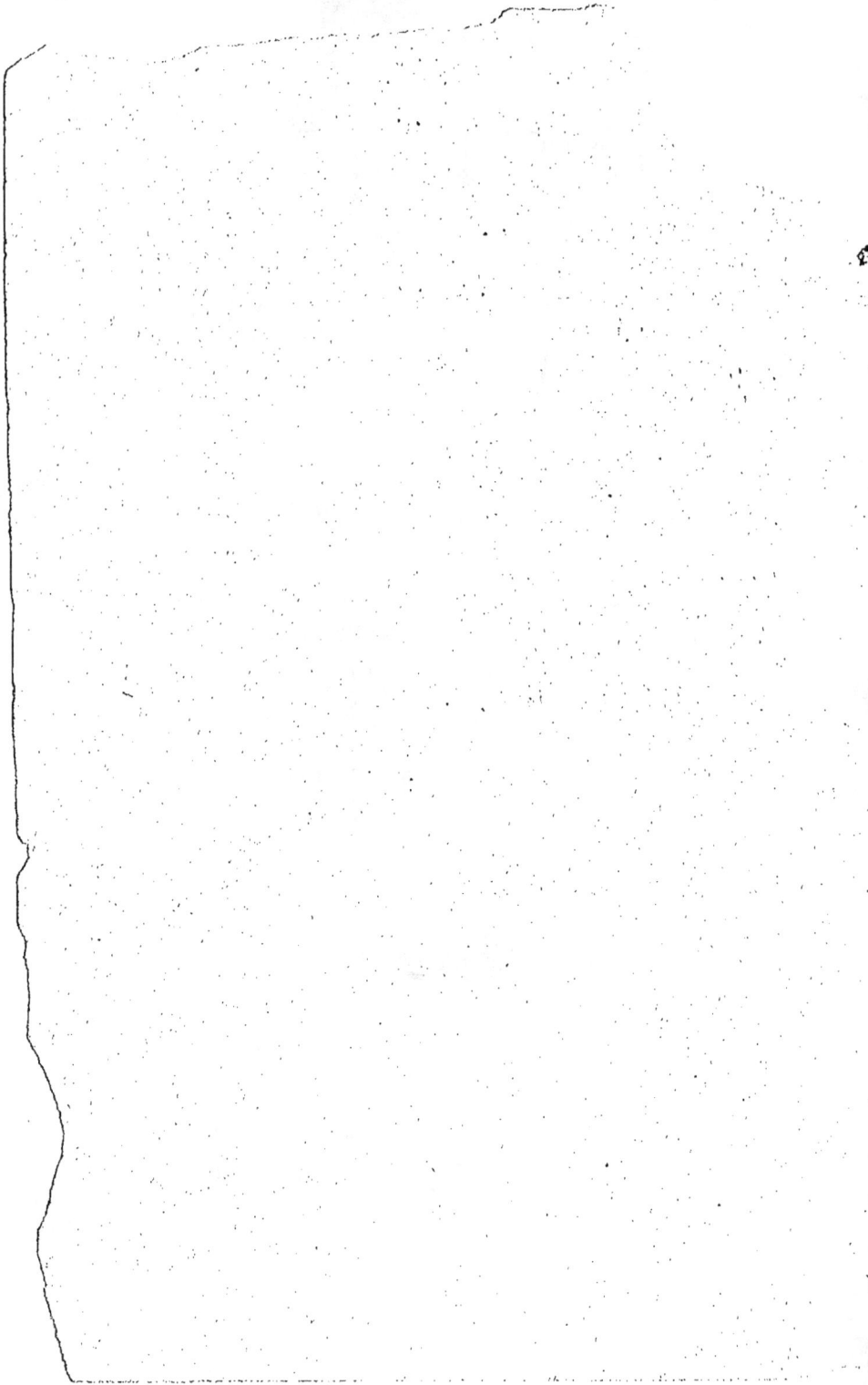

LA CULTURE DE LA BETTERAVE

PAR

Ferdinand KNAUER

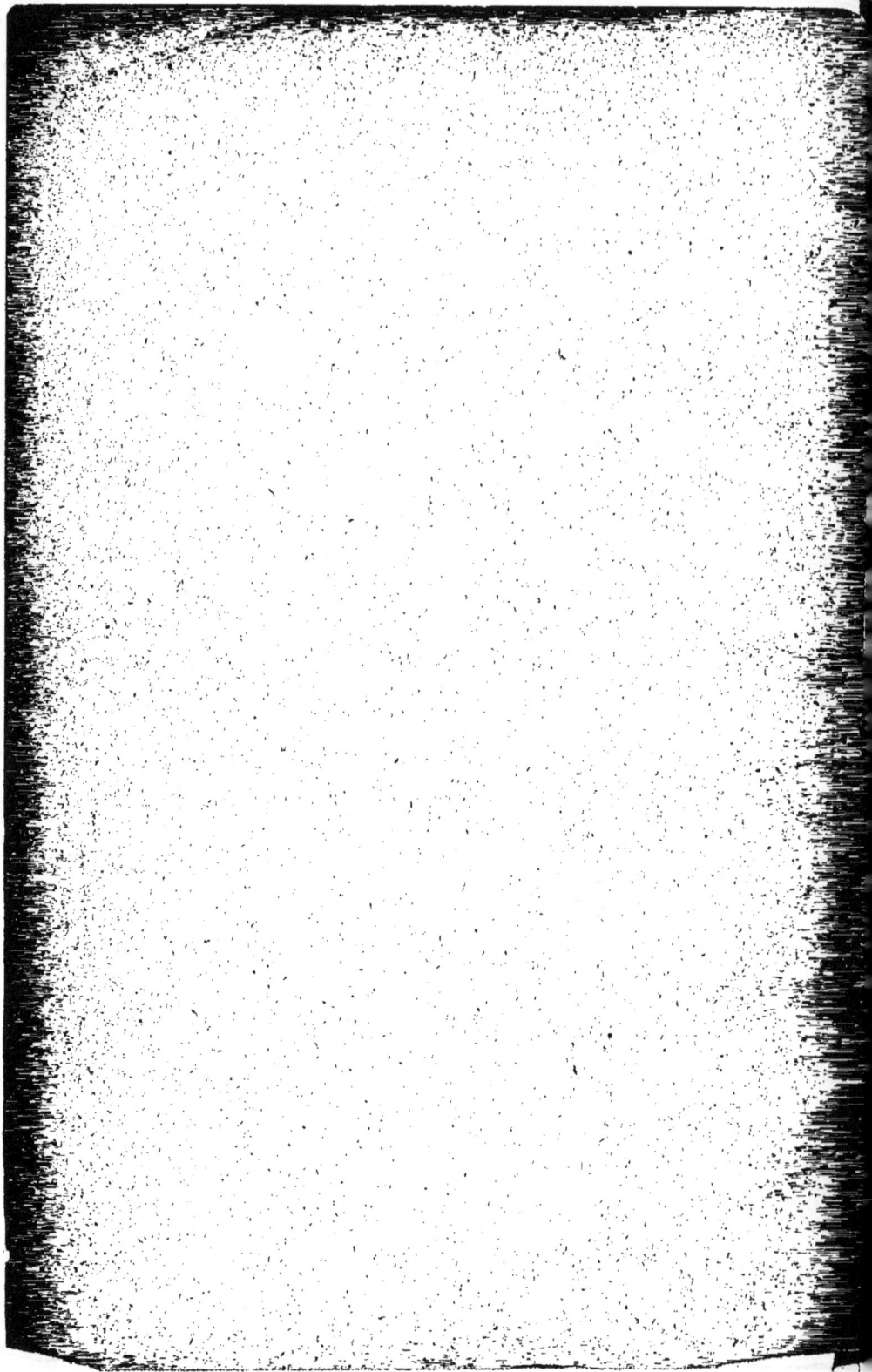

LA CULTURE

DE LA

BETTERAVE

A L'USAGE DES

Cultivateurs & Fabricants de Sucre

PAR

Ferdinand KNAUER

Fabricant de Sucre et Propriétaire, à Groebers, province de Saxe
Membre du Conseil d'Agriculture en Allemagne,
du Collège d'Économie rurale de la Prusse, etc.
Membre de la Chambre des Députés.

Traduit d'après la sixième Édition allemande, augmentée et corrigée

AVEC 29 GRAVURES IMPRIMÉES DANS LE TEXTE

BEAUVAIS

LIBRAIRIE H. TRÉZEL, RUE SAINT-PIERRE

—

1886

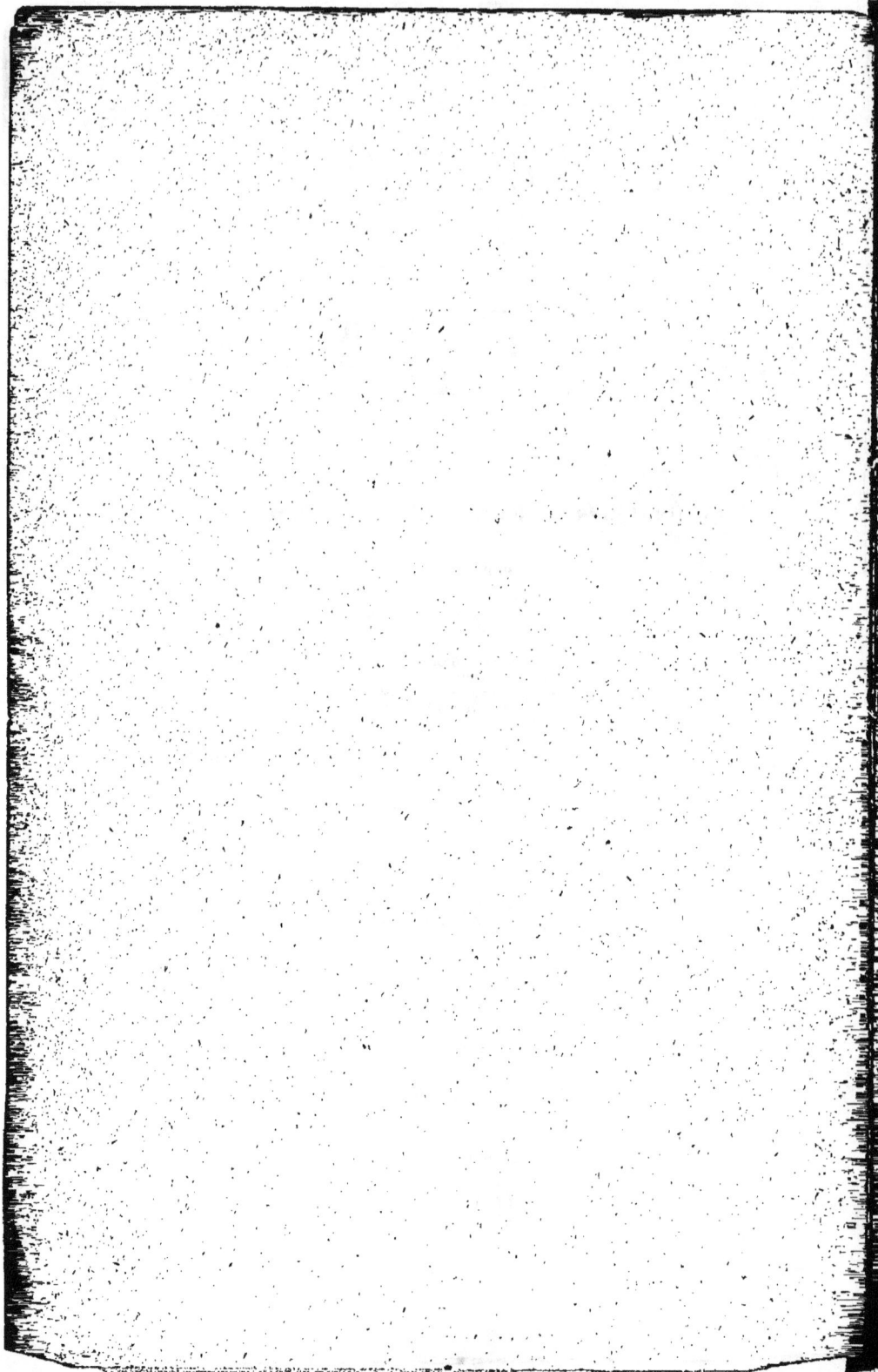

I

DIFFÉRENTES ESPÈCES DE RACINES FOURRAGÈRES ET COMESTIBLES EN DEHORS DE LA BETTERAVE

En dehors de la Betterave, dont nous parlerons dans plusieurs chapitres particuliers, en la considérant comme plante fourragère et comme plante à sucre, les plantes les plus importantes soumises à la culture dans la zone tempérée du Nord sont les suivantes :

1. La Carotte champêtre ;
2. Le Chou-Navet rutabaga ;
3. Le Navet d'août ou d'automne (Navet turneps) ;
4. Les Chicorées à grosse racine ;
5. Les Raves de la Marche (petit Navet de Berlin ou de Felsau).

I. — La Carotte *(Daucus Carota arvensis)*.

Elle est susceptible d'une culture remarquable, et cette culture a pris une extension considérable en Allemagne, surtout celle des espèces suivantes : la grande Carotte, la Carotte blanche et jaune, la Carotte à tête verte, la Carotte Géant. La première, dans un concours agricole entre les sociétés de Minden-Ravensberg, donna un rendement de 365 quintaux par arpent (*). Elle produit une nourriture très saine pour tous les herbivores. Les Carottes petites,

---

(*) Egale 73,000 kilos par hectare. (Le quintal du Zollverein est de 50 kilos). L'arpent équivaut à 25 ares.

courtes, servent exclusivement à la nourriture de l'homme et sont devenues un légume indispensable.

On a plusieurs fois essayé de l'utiliser pour la fabrication du sucre; mais les difficultés qu'il y avait à obtenir le sucre étaient telles que cette plante n'a pas la moindre chance d'être utilisée pour la fabrication du sucre cristallisé, bien que cependant elle contienne de 5 à 6 pour cent de sucre cristallisable.

Il en serait autrement s'il s'agissait d'en faire du sirop pour l'usage domestique; car quoiqu'il soit bon, même en ce cas, d'employer la Betterave à sucre pour obtenir la plus grande partie du liquide à faire cuire, le jus de la Carotte donne pourtant au sirop une douceur telle et un goût si agréable qu'on ne saurait trop conseiller aux ménagères d'employer au moins 1/3 de Carottes pour faire ce sirop.

Un procédé commode pour la préparation du sirop à l'usage de la maison est le suivant : On prend 2/3 de Betteraves et 1/3 de Carottes et on les fait cuire à part, dans des vases différents, aussi longtemps qu'il faut pour pouvoir les presser avec la main. Alors on les retire du vase et on en exprime le jus à travers un morceau de toile. Ce jus des deux espèces de racines ainsi obtenu, on le met dans un chaudron, et on le fait évaporer. On y ajoute peu à peu la partie du jus que le chaudron n'a pas pu contenir en une seule fois, en remuant continuellement. Afin que la masse ne brûle pas au fond du chaudron, on y met quelques cailloux bien nettoyés.

Veut-on préparer une conserve de Carottes sous forme de purée ? En ce cas, on ne fait qu'exprimer le jus de la Betterave qu'on fait épaissir. On fait cuire pendant ce temps les Carottes dans un autre vase, jusqu'à ce qu'elles soient très molles, et on les fait passer à travers un tamis en les remuant avec un balai émoussé. On met ensuite la masse ainsi obtenue dans le jus de Betterave bouillant et on le laisse sur le feu jusqu'à ce qu'elle devienne consistante et forme une purée. Un peu d'écorce de citron, de fenouil, de coriandre, etc., lui donnent un goût agréable. La cuisson, qui doit être lente, dure de 8 à 9 heures. Pour obtenir de

34 à 40 litres de sirop, il faut, en les exprimant bien,
6 quintaux de Betteraves à sucre et 2 quintaux de Carottes ;
si on les exprime moins fortement, il en faut davantage.

Comme aliment à l'usage de l'homme, la Carotte occupe
la première place parmi les espèces de racines comestibles ;
on en cultive pour cela différentes espèces ; toutes ces
sortes, destinées à l'usage de l'homme, sont d'une couleur
vermillon, par exemple la longue Carotte de Brunswick, la
longue de Erfurt, la courte-précoce de Paris, la ronde de
Knauer, la demi-longue de Hollande, celle de Duwick et de
Francfort, la Carotte jaune des champs de Saalfeld, etc.
Quant à la finesse du goût, toutes les sortes de couleur
foncée se ressemblent assez ; mais les courtes et rondes
sont les plus délicates. Comme ce sont aussi les plus hâtives,
elles servent de légume au printemps et à l'entrée de l'été,
mais ne donnent pas un fort rendement pour l'agriculture ;
aussi ne sont-elles guère cultivées que par les maraîchers,
dans les environs des grandes villes, où les espèces précoces
surtout, à l'époque des pois verts, donnent un revenu considérable. (Voir fig. 1 et 2.)

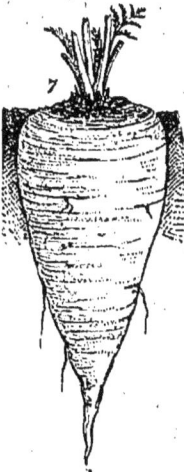

Fig. 1   Fig. 2

La longue Carotte de Brunswick, un peu clair semée, devient assez grosse et, parmi toutes les Betteraves, a une très grande valeur fourragère ; elle se recommande aux cultivateurs puisqu'elle peut donner un rendement de 200 quintaux à l'hectare ; tout en étant une très bonne nourriture pour les bestiaux, elle est aussi un bon aliment pour l'homme. *(Voir fig. 3 et 4.)*

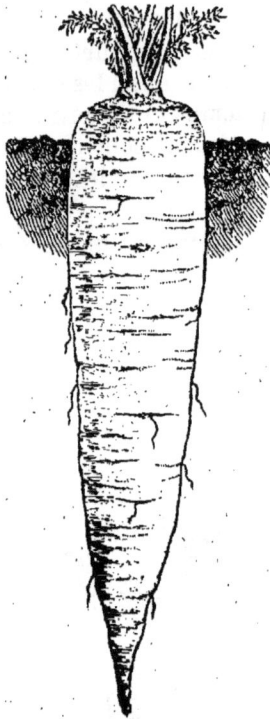

Fig. 3   Fig. 4

Mais en première ligne il faut nommer la Carotte-Géant à grande tête verte, souvent gris-rouge à la naissance des feuilles, tête qui croît presque toujours un peu au-dessus du sol. On a mis récemment dans le commerce une Carotte-Géant à couleur jaune-clair qui est également à tête verte et qu'on préfère avec raison à la Carotte blanche comme fourragère.

Ces Carottes-Géant se prêtent admirablement bien à la grande culture; elles donnent, comme nous l'avons déjà dit, un rendement énorme, jusqu'à 1,500 quintaux par hectare, et conviennent à tous les terrains, mais surtout aux sols sablonneux. La culture en est facile et n'offre point de diffi-cultés particulières; elles poussent très bien presque dans tous les terrains, même dans un sol à seigle de trois ans, si ce terrain est encore amendé. (Voir fig. 4.)

Aussi recommandons-nous aux habitants des contrées sablonneuses de la zone tempérée du Nord, à ceux de la grande plaine sablonneuse de l'Allemagne du Nord, d'intro-duire sur un grand pied la culture de la Carotte-Géant, spécialement aux endroits où la Betterave ne peut plus être cultivée avec avantage. Par la culture de cette Carotte, en effet, on élève une plus grande quantité de bestiaux et on retire du sol des trésors qui, sans cela, y reposent impro-ductifs.

La culture de cette Carotte-Géant a lieu, dans les terrains maigres, sur première fumure (de ferme) en y ajoutant un supplément de fumure artificielle, et dans les terrains un peu plus vigoureux, en seconde portée (fumure). Dans ce der-nier cas, cependant, il est bon d'employer une forte dose de salpêtre du Chili.

En mars et avril, dès les premiers labours, le premier travail à faire est l'ensemencement des Carottes. Sans parler de la mauvaise méthode d'ensemencer les Carottes à la volée, il y en a deux surtout à recommander.

La première et la plus simple de toutes est la suivante : On laboure avec deux charrues et on répand avec la main, derrière la seconde charrue, la semence qu'on a eu soin de mélanger auparavant, aux 2/3 de son volume, de terre sablonneuse. La semence n'est pas mise au fond du sillon,

mais sur la crête du premier sillon, puisqu'elle doit rester
presque à fleur de terre ; si, par conséquent, chaque charrue fait un sillon large de 8 pouces, les Carottes ainsi semées
sont en ligne à une distance de 16 pouces. Il ne faut pas
ensemencer la Carotte ni moins espacée, ni à la volée, surtout l'espèce géant, sans quoi les sarclages et l'enlèvement
des mauvaises herbes deviennent difficiles et coûteux. Après
l'ensemencement, il faut laisser le champ sur son labour,
sans le herser ni y passer le rouleau, car ces manipulations
ne font que rendre plus difficile la levée de la semence en
facilitant par contre la levée et la propagation des mauvaises herbes, de sorte qu'il devient ensuite très difficile
de distinguer les petits plants de Carotte de la mauvaise
herbe. En outre, on serait obligé d'arracher ces mauvaises
herbes avec la main, opération qui surélève la dépense de
50 à 70 pour cent par arpent (*), sans compter que le rendement devient bien inférieur si on ne sarcle pas aussitôt après
la levée de la semence. Il faut avoir eu soin de mêler auparavant à la semence un peu d'orge ou d'avoine qui, levant
plus rapidement, laissent déjà, après huit jours, apercevoir
les lignes et permettent un sarclage immédiat.

La deuxième méthode d'ensemencer les Carottes est celle
qui a lieu au moyen des machines.

M. Rod. Sack, de Plawitz, près Leipzig, a construit un
semoir en lignes — de 2 à 4 lignes de différentes grandeurs
(fig. 5 et 6) — qui est très applicable à toutes sortes de
graines, mais surtout à celle de la Carotte. Le modèle moyen
(P-5) de cette machine sème en même temps, à volonté, de
1 à 4 lignes avec un éloignement de 10 à 50 centimètres
(19 1/8 — 3 7/8 pouces rhénanes). On peut s'en servir pour
toutes sortes de semences. Par un appareil simple, le grand
modèle se transforme facilement en un semoir à bouquet.
Il est poussé par un homme et tiré par un enfant. Cette
machine, ainsi servie par deux personnes, peut ensemencer,

(*) L'arpent prussien, dont il est ici question, vaut 25 ares.

avec un espacement de 16 pouces entre les lignes, de 5 à 6 arpents de terre par jour. Je suppose qu'on a eu soin de mélanger auparavent, avec du sable, la semence dans la proportion de 2/3 à 3/4 de son volume.

Fig. 5   *Fig. 6*

M. Sack construit aussi des instruments à main pour sarcler et buter, et on peut s'en servir pour travailler les Carottes dès qu'elles sont levées. Mais comme ces instruments à sarcler n'enlèvent que l'herbe entre les lignes et non celle du milieu des lignes, il faut toujours employer la houe à main. Un agriculteur intelligent qui a des ouvriers habiles peut très bien l'employer sur un terrain libre de racines de chiendent, et, par là, la culture de la Carotte devient très peu coûteuse. Si on veut toutefois cultiver la Carotte sur une vaste échelle, ce qui est surtout à conseiller dans les domaines qui s'occupent de l'élevage de chevaux, il vaut mieux se servir du grand semoir en lignes. Pour les terrains pierreux ou couverts de ronces, cette machine ne saurait aucunement être employée; ce qu'il faut pour donner un bon rendement, c'est un travail régulier avec la houe à main. Dans la plaine sablonneuse de l'Allemagne du Nord où la Carotte est cultivée par les petits propriétaires, mais seulement sur une petite échelle, on bêche un terrain fraîchement fumé ou bien un sol défriché; on ensemence la Carotte à la volée, après quoi on passe la herse ou on l'enterre avec la houe. Mais si on adoptait cette manière de cultiver il vaudrait mieux ne pas s'occuper de la culture de la Carotte, car la nécessité d'arracher les mauvaises herbes, de les ramasser au râteau — travail pour lequel on emploie un instrument à quatre dents recourbées *(fig. 7)* — et de sarcler les Carottes qui sont à inégale distance et sans ordre, rend la besogne si coûteuse et si ennuyeuse que la culture en devient hors de proportion avec le rendement.

Le semoir en lignes, construit dans une forme pratique par Alb. Kuester et fabriqué par Siedersleben et Cⁱᵉ, à Bernburg, peut bien être employé pour ensemencer les Carottes, mais il faut, comme nous l'avons dit, mélanger la semence, aux 3/4 de son volume, avec du sable fin, car, sans cela, la distribution de la semence est très difficile et presque impraticable. Ajoutons encore ici que la culture de cette racine jouit maintenant d'une grande vogue, et cela à juste titre, car dans les contrées qui n'ont pas de betteraves, la culture de la Carotte-Géant est tout à fait indispensable. L'ensemencement en est fait toujours au moyen du grand semoir en lignes, large de deux mètres et traîné par des chevaux. On distance maintenant les lignes de 16 à 18 pouces — 42 à 47 centimètres. Afin de pouvoir sarcler avant de reconnaître les petites Carottes, on mêle, nous l'avons déjà dit, avant l'ensemencement, à la graine de Carotte déjà mélangée de sable, une poignée d'avoine ou d'orge par minot (*). Ces espèces de graines de mars lèvent vite et les lignes en sont visibles de loin après quelques jours, de sorte

Fig. 5

(*) Le minot équivaut à 4 litres à peu près.

que l'on peut y passer la houe à main et à cheval de très bonne heure et avant que la semence des Carottes n'ait levé.

Si, dans les contrées sablonneuses on ne réussit pas avec la Betterave, on fera entrer dans l'assolement la Carotte, ce qu'on ne saurait trop conseiller, et on observera l'ordre suivant :

1° Pâturage pour les moutons ;

2° Jachère bien fumée ;

3° Seigle avec ensemencement de lupins après la récolte ;

4° Carottes et pommes de terre ;

5° Orge et avoine avec ensemencement de trèfle et d'herbe.

Veut-on et doit-on, à cause du peu de fertilité des champs, cultiver la Carotte sur première fumure, nous recommandons l'assolement suivant :

1° Jachère, demi-fumure ;

2° Seigle, chaulage ou marnage après la récolte ;

3° Avoine ;

4° Carottes et Pommes de terre avec fumure complète ;

5° Orge et avoine ;

6° Trèfle et herbe ;

7° Pâturage, au printemps, pour les moutons ; en juin, ensemencement de lupins pour fumures vertes ;

8° Seigle.

Avec ce dernier assolement, qui est très à recommander, il serait non seulement facile de se procurer l'engrais nécessaire, puisque les Carottes donnent un rendement énorme en fourrage, mais le sol lui-même y gagnerait en force et le bénéfice serait considérablement augmenté par la culture des Carottes. La préparation du terrain, dans cet ordre d'assolement, a lieu comme suit :

Le chaume d'avoine, n° 3 de l'assolement II, est profondément retourné avec la charrue et reste tout l'hiver, en sillon, sur le gros labour. On conduit pendant l'hiver et au commencement du printemps, sur ces champs, tout le fumier qu'on a obtenu pendant l'hiver. En mars ou au commencement d'avril on laboure la terre pour l'ensemencement et ce fumier pénètre profondément dans la terre ; le fumier de paille doit, cela va sans dire, être bien répandu ou bien être parfaitement enfoncé dans la terre au moyen d'un coutre attaché à la charrue, afin qu'il ne reste plus à la surface. L'ensemencement se fait, comme il est décrit ci-dessus, avec la main ou avec la machine.

La culture des Carottes se recommande principalement, comme nous l'avons dit, aux cultivateurs des contrées sablonneuses qui ont ce qu'on appelle un sol à seigle, sur lequel le trèfle rouge pousse avec peine, et pas du tout l'orge. Par la culture de la Carotte, on relèvera considérablement la fertilité du sol pour le rendre capable de produire du trèfle. Cette culture est encore à recommander aux petits propriétaires et surtout à ceux des pays sablonneux où il n'y a pas de distillerie de pommes de terre.

A côté de la culture de la pomme de terre, on doit recommander celle de la Carotte, d'abord parce que par cette dernière on obtient non seulement tout autant de matière fourragère que par la culture de la pomme de terre, mais encore une matière de bien plus de valeur; en second lieu, pendant les années de maladie de la pomme de terre, on parera à une disette complète de fourrage, vu qu'on n'a presque jamais à craindre un insuccès complet de la Carotte.

Avec une égale culture, on récolte une plus grande quantité de Carottes que de pommes de terre; et quant à la Carotte-Géant, on a lieu d'espérer que, dans les mêmes circonstances, elle produira de 50 à 100 quintaux de plus par arpent. En supposant donc qu'on récolte 150 quintaux de Carottes et 100 quintaux de pommes de terre par arpent, l'hectare de Carottes donne une valeur fourragère de 150 marcs, et celui de pommes de terre une valeur de 75 mars (*).

La culture de la Carotte se recommande en outre tout spécialement pour faire disparaître des champs le chiendent et les mauvaises herbes, mais seulement dans les lignes semées de 42 à 48 centimètres de distance, parce que là on peut très bien atteindre les mauvaises herbes soit par la houe

---

(*) Le marc vaut au pair 1 fr. 25.

à cheval, soit par le sarcloir à main. De là, il résulte que dans les pays sablonneux on doit mettre sur la même ligne et préférer même, selon les circonstances, la culture de la Carotte à celle de la Pomme de terre. Aussi ne saurait-on trop la recommander aux cultivateurs, petits et grands. La culture de la Pomme de terre est, il est vrai, plus facile, bien plus commode, parce qu'on peut la faire sans peine avec les instruments aratoires ordinaires et avec une charrue attelée à un seul cheval. Mais de nos jours la peine ne devrait plus effrayer un cultivateur, surtout quand il peut par là tirer un bien plus grand profit de son terrain, l'améliorer par dessus le marché, et de plus se procurer un fourrage certain.

Dans les contrées sablonneuses de l'Allemagne du Nord, les propriétaires qui n'ont pas eux-mêmes une distillerie font généralement des Pommes de terre sur une grande partie de leurs champs afin de les vendre aux distillateurs.

Voici quelle est leur méthode d'assolement :

    1° Trèfle ;
    2° Pâturage et jachère ;
    3° Seigle ;
    4° Pommes de terre ;
    5° Avoine.

Lors même que ces cultivateurs ne vendraient que la moitié des Pommes de terre qu'ils ont récoltées, par conséquent le produit de la moitié de la superficie de leurs champs, il n'en reste pas moins vrai que l'appauvrissement du terrain augmenterait toujours inévitablement. Ce motif seul fait qu'il est préférable de cultiver plus de carottes et seulement des Pommes de terre pour l'usage de la maison.

C'est pour ce motif que, dans les assolements que nous avons recommandés, nous avons placé dans une même saison la Pomme de terre à côté de la Carotte, parce qu'on obtient ainsi dans la saison des Carottes la provision qu'il faut pour le ménage, et qu'on doit nécessairement cultiver ainsi, une saison tout entière, pour le fourrage, si on veut que l'exploitation ne dépérisse pas et n'aille pas à reculons. On devrait donc, dans les contrées sablonneuses, étendre la culture des fruits à sarclage au 1/4 ou au 1/5 de la superficie de son terrain.

Dans les plus fertiles contrées de la Hollande et de la Belgique, on cultive beaucoup de Carottes, et même comme entre deux cultures, de sorte que dans une année on tire deux récoltes d'un champ. On y sème, en effet, les Carottes à la volée dans le froment, le seigle, l'orge, le chanvre, mais surtout dans le lin. Or, après ces diverses récoltes, la Carotte vient admirablement bien comme récolte d'automne. Dans l'Allemagne du Nord et d'autres pays septentrionaux, on a imité cette méthode, mais rarement on l'a fait avec succès. Elle pourrait réussir encore dans le lin, la navette, le colza, le sarrazin, parce que ces plantes ne restent pas si longtemps sur les champs que les autres, et que le lin empêche les mauvaises herbes de croître, aussi parce que le champ ensemencé de lin reste très perméable, aussi perméable pour le moins qu'il l'était au temps des semailles.

Quoi qu'il en soit, de telles cultures ne peuvent être pratiquées que sur des champs dont la fumure ne laisse rien à désirer.

Quant à la plaine sablonneuse de l'Allemagne du Nord, dont le sol est pauvre, et aux autres terrains de pareille nature, ce qu'il y aurait de mieux à faire pour l'agriculture serait de semer la Carotte d'après les assolements déjà indiqués. A la récolte (du 15 octobre au 15 novembre) on arrache les Carottes avec la bêche spéciale. (Fig. 8.)

On conserve les Carottes dans le voisinage de la ferme. On procède ainsi : on commence le silo à un pied de profondeur dans le sol. Sur cet espace rendu bien uni avec la pelle, on dépose une couche de Carottes d'environ 35 centimètres de hauteur et on les couvre de 15 centimètres de terre. Là dessus on verse

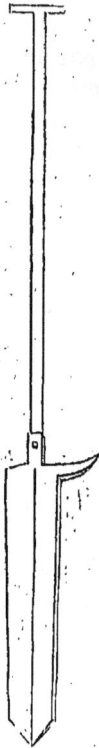

Fig. 6

de nouveau de 15 à 25 centimètres de Carottes qu'on couvre
encore de terre. Le silo entier doit être recouvert de 60 à
80 centimètres de terre, selon que l'endroit où il se trouve
est abrité ou non.

Les carottes ainsi disposées se conservent très bien jusque
bien avant dans le printemps, époque où il y a depuis longtemps des fourrages en vert. La graine de Carottes de toute
espèce, en dehors de la France et de la Belgique, est presque
exclusivement cultivée en Allemagne, dans la province de
Saxe ; les principaux cultivateurs en sont Mette, Dippe et
Grasshoff, jardiniers-marchands à Quedlinburg ; F. Knauer,
à Groebers et autres. Un agriculteur ne sera donc jamais
embarrassé pour se procurer de la bonne semence.

Avant de terminer ce chapitre, qu'il nous soit permis de
recommander encore une fois à tous les agriculteurs des
bonnes contrées de s'occuper plus que par le passé de la
culture de la Carotte. Les Carottes ont, en effet, en même
temps qu'une grande valeur nutritive pour la volaille, les
chevaux, et spécialement pour les poulains, une valeur très
appréciable comme nourriture, et surtout pendant la période
de la mue de ces animaux elles favorisent une chute rapide
et une belle croissance des poils. Il est bon, en général, de
nourrir pendant un certain temps les jeunes chevaux, et au
moins au printemps les chevaux de trait avec des Carottes,
car ce procédé leur fait le plus grand bien.

II. — Le Chou-Navet *(Rutabaga, brassica napus rapifera).*

Cette racine est, après la Carotte, la plus nourrissante de
toutes les plantes à racine esculente, et comme la culture en
est extrêmement facile, elle mérite, elle aussi, d'attirer
l'attention plus que par le passé, dans les contrées sablonneuses. En tout cas, on ne les sème pas, on les plante.

Dans ce but, on choisit, dans le jardin, un coin de terre
fertile et meuble qui soit protégé contre les vents froids par
des murs, des haies, forêts, pacages. Après que ce terrain a

été travaillé de bonne heure, au printemps, on ensemence les Rutabagas en ligne, vers la mi-avril, et on laisse grandir les plantes serrées jusqu'à la mi-juin. S'il survient une forte pluie, ou mieux si on la prévoit, on laboure le champ, on arrache les plants, on les met en ordre dans des corbeilles (mais non avant l'époque de la transplantation, sans quoi elles se fanent) et on les plante.

Cette transplantation a lieu comme suit : on laboure, on herse le terrain sur lequel on passe le rouleau ; on le marque en échiquier et, se servant ensuite d'un plantoir (morceau de bois recourbé au bout duquel est une pointe en fer — (fig. 9), on repique les plants.

C'est la fertilité du terrain qui doit déterminer la distance à donner aux plants, en sorte qu'on peut les espacer de 40 à 50 centimètres.

Si on a un marqueur qui donne une largeur de 40 centimètres et qu'on ne veuille planter qu'à une distance de 36 environ, on peut tout de même s'en servir avec avantage si on tire les lignes non à angle droit, mais en faisant un angle de 60 degrés avec les bords du champ. On place ainsi, non seulement un quart de plus de plants dans son champ, mais le rayon de chacun d'eux devient plus avantageux, parce que les plants sont en triangle, ou, comme on dit communément, « sur joint ».

En toutes circonstances, on cultive le Rutabaga sur première fumure et dans le même assolement que les Carottes :

1° Jachère, demi-fumure (*) ;
2° Seigle ;
3° Avoine ;

Fig. 7

(*) Pour une demi-fumure, nous comptons 150 quintaux de fumier par arpent et 250 pour une fumure complète.

4° Rutabaga avec fumure complète;

5° Orge et avoine;

6° Trèfle et herbage;

7° Pacage;

8° Seigle;

La préparation du terrain devrait avoir lieu de la manière suivante : le chaume de l'avoine est retourné, pendant l'automne, à 15 centimètres de profondeur; on le laisse ensuite reposer l'hiver dans le sillon et on fume le champ par une fumure complète. Aussitôt le printemps, et autant que possible avant la saison des travaux, on laboure le champ pour recouvrir le fumier.

Dès que le sol commence à fermenter et à verdir, ce qu'on remarque facilement à la pousse des mauvaises herbes, on le laboure, on le herse, après quoi on passe le rouleau.

On le laisse en repos jusqu'à l'époque de la plantation du Rutabaga. Dès qu'elle est arrivée on le laboure de nouveau et la plantation peut se faire à la suite de la charrue. La chose se pratique de la manière suivante : pour planter derrière la charrue on emploie cinq personnes. Dès que, en juin, par un temps humide, on a arraché les Rutabagas et qu'on les a placés dans des paniers, on partage la longueur du champ où on veut planter les Rutabagas en cinq parties égales qu'on assigne à cinq ouvriers qui ont déjà les plants à portée de la main. Entre temps, un attelage fait un tour au milieu du champ avec la charrue et trace deux sillons qui se touchent. Sur le sillon qui les sépare, les ouvriers plantent une ligne de Rutabagas à la distance qu'on leur indique. Afin de leur faciliter le travail et pour que la plantation soit exacte et régulière, on leur donne un petit bâton de la longueur de l'espacement à donner aux plantes.

Selon le plus ou moins d'intervalle à donner aux lignes on laboure avec deux ou trois charrues.

Si on préfère biner les Rutabagas avec la houe à cheval, on doit donner aux lignes un intervalle *minimum* de 45 à 50 centimètres; pour les biner et sarcler avec la main, il suffit de deux charrues traçant chacune des sillons de 20 à

21 centimètres de large, en sorte que les lignes aient entre elles un espace de 45 centimètres environ.

Derrière la dernière charrue, sur la crête du sillon, les ouvriers enfoncent les plants avec le plantoir décrit plus haut. *(Fig. 7.)* Afin de s'assurer si la plante est assez ferme dans le sol, une fois plantée, on saisit une feuille qui doit casser sans que la plante suive. On ne met pas le Rutabaga en forme rectangulaire, mais en triangle ou « sur joint », procédé qui favorise le rayon de végétation des feuilles et des racines.

Un ennemi dangereux des Choux-Navets sont les chenilles, celles surtout du papillon blanc du chou *(Piéris Brassicæ)*; elles deviennent souvent si nombreuses que, en huit jours, elles ravagent tout un champ de Navets. On n'a pas manqué naturellement d'appliquer, mais sans succès dans la plupart des cas, différents moyens. On a conseillé de cultiver, çà et là, dans le champ ou sur les côtés, quelques pieds de chanvre; mais toujours sans succès. Le seul moyen sûr, infaillible et moins difficile qu'on ne le croit généralement, est l'échenillage avec la main. Une femme appliquée, ou même un enfant, peut, en un jour, délivrer de cette vermine 1/4 d'hectare de terrain fortement attaqué par les chenilles. On enterre et on brûle ensuite ces animaux. C'est donc la faute du cultivateur si les chenilles le dégoûtent de la culture des Choux-Navets.

Il y a, en Allemagne, trois sortes principales de Choux-Navets pour l'agriculture :

1° Le Chou-Navet blanc à grosse racine qu'on cultive généralement pour le donner aux bestiaux, et qui est moins bon pour l'usage domestique. Dans un terrain sablonneux bien cultivé, il donne un produit de 200 quintaux par arpent (40,000 kilos à l'hectare);

2° Le Rutabaga jaune à collet rouge-gris, un peu moins volumineux que le blanc; ce Chou-Navet est plus ferme et a un plus grand poids spécifique; de sorte que si le rendement se calculait au poids il serait presque le même que celui du Navet blanc. On peut le cultiver aussi bien pour la nourriture de l'homme que pour celle des bestiaux; il a le même goût que le petit Navet de Bréhen;

3° Le Rutabaga jaune, petit, rond hâtif, plus petit en volume, mais de meilleure qualité que les autres. On le cultive principalement pour l'usage de l'homme, et dans le voisinage des grandes villes. Dans les mêmes conditions que le Chou-Navet blanc, il donne un rendement *maximum* de 120 quintaux par arpent; il aime aussi un bon terrain, non trop sablonneux, ce qui fait qu'on le cultive peu comme fourrage.

Le Chou-Navet est un aliment excellent, le meilleur même pour les bœufs et autres ruminants, parce qu'il contient les meilleures proportions entre les matières azotées et les hydrates de carbone; aussi n'en saurait-on assez recommander la culture dans les contrées sablonneuses.

Si on considère le tableau de la valeur nutritive reproduit plus loin, le Navet est de toutes les plantes à racines fourragères celle qui donne les meilleures proportions entre substance azotée et substance sans azote, 1 à 5,8, et une proportion de 1 à 4 est déjà considérée par les chimistes et les engraisseurs de bestiaux comme très bonne.

Nos ancêtres effeuillaient fortement, faute de fourrage, les Choux-Navets pendant la période de végétation; mais ce procédé altère considérablement la qualité et la quantité de récolte; en sorte que ces quelques feuilles coûtent dix fois plus qu'elles ne rapportent. On ne doit donc jamais effeuiller un Chou-Navet, sans quoi on en diminue la valeur d'un 1/4 au moins.

La conservation du Chou-Navet-Rutabaga est extrêmement facile, les racines supportent bien le froid et ne gèlent presque jamais dans les hivers ordinaires.

Voici la meilleure méthode de conservation: On creuse un trou de 35 centimètres de profondeur dans la terre. La terre qu'on a retirée, est placée autour de ce trou pour servir d'abri. On y place ensuite les Navets, les uns à côté des autres, la tête, effeuillée, en haut. Si on veut procéder avec soin, on remplit de terre le vide qu'il y a entre les

Navets. Cette racine reste ainsi jusqu'au mois de décembre, époque des grands froids. On les couvre alors avec du feuillage ou avec un peu de fumier de paille, et elles se conservent ainsi facilement accessibles pendant tout l'hiver. Si l'on veut, on peut ne faire que des trous de 25 centimètres de profondeur et mettre deux couches de Navets l'une sur l'autre. Cette méthode est encore meilleure que celle qui consiste à couper la tête à la plante, au temps de la récolte, et à la jeter ensuite en tas dans un trou. Pire est encore celle qui consiste à les mettre en cave; c'est celle qui nuit le plus à toutes les Plantes à racine fourragère et tuberculeuses. Aussi les Agriculteurs ont-ils, à leur propre détriment, dépensé un argent inutile pour faire bâtir des caves dispendieuses, le lieu de conservation le meilleur et le plus naturel pour toutes les Plantes est la terre du bon Dieu.

A 5 ou 6 degrés de froid, et à découvert, les Choux-Navets ne gèlent pas, mais par une température de 10 à 12 degrés; c'est ce qui fait qu'on doit les couvrir en décembre, janvier et février. Il y a eu des Agriculteurs qui ont prétendu que le Navet ne gèle pas, et que partant il n'a pas besoin d'être recouvert; mais ils ont dû souvent payer cher leur préjugé. On doit reconnaître toutefois qu'il y a des années, en France, avec un hiver doux, que les Choux-Navets, les Carottes, les Oignons et presque toutes sortes de Racines ne gèlent pas. De tels hivers cependant, dans la zone tempérée, sont l'exception et non la règle, et ne doivent pas, par conséquent, être pris pour un état normal.

III. — Le Navet d'août ou d'automne
(Rave, Rabioule, Turneps, etc. Brassica rapa rapifera).

Ce fruit important seulement pour les contrées sablonneuses, y est presque indispensable, puisqu'il réussit même dans les terres les plus légères.

On le sème ou bien sur un terrain fraîchement fumé, à la fin de mai ou commencement de juin, ou bien on le plante, comme Navet d'août, en récolte supplémentaire après du Seigle ou de l'Orge; ce Navet a ainsi, comme récolte d'automne, une certaine valeur pour ces contrées pauvres en fourrages, parce que les Céréales d'été, dans l'année suivante, ne prospèrent pas plus mal que si on les avait semés directement après le Seigle. Par suite de l'ombrage du terrain qui l'empêche de sécher trop fortement, la constitution physique du sol reçoit une influence favorable; l'ameublissement qui en résulte est très favorable aux récoltes suivantes.

On a essayé aussi la culture de cette plante en l'ensemençant entre le Seigle et le Blé d'été, afin qu'elle puisse croître ensuite dans les chaumes; mais le succès n'a pas été tel qu'on puisse recommander ou même défendre cette méthode.

On ne peut donc que conseiller aux agriculteurs des pays peu fertiles de donner autant d'extension que possible à la culture de ce Navet blanc, vu que ce fruit donne une récolte certaine.

Le produit en matières nutritives n'est pas très grand, parce que ce Navet contient beaucoup d'eau, mais mêlé à des substances fourragères azotées et en quantité suffisante, il donne un bon aliment pour les ruminants; les fermes des contrées sablonneuses ont par là un moyen d'avoir du fourrage pour les bestiaux jusque vers la fin de décembre. Dans beaucoup de contrées on en fait du fourrage en même temps que des feuilles. Si on veut mettre en silo cette plante, on doit suivre exactement le même procédé que pour les Carottes et les Navets, c'est-à-dire mêlés avec de la terre.

Il y a beaucoup d'espèces de Navets d'eau blancs ou d'août, nous n'en donnons ici que celles qui sont le plus en usage :

1° Navet rose du Palatinat;

2° Navet gros long d'Alsace (long à tête verte);

3° Navet-Rave du Limousin (appelé Turnips en Angleterre);

4° Turneps ou Rabioule blanc et jaune, etc.

On peut cultiver ces quatre espèces comme Navets d'août ; les dernières ne servent guère que pour la nourriture de l'homme.

En Angleterre, la culture du Turnips (Navet d'automne anglais), est arrivée à une prospérité florissante. On y a créé une grande quantité de variétés qui, par la célérité de croissance, le rendement élevé et la qualité fourragère égalent les variétés françaises. Nous ne nommons que les sortes les plus estimées. Ce sont :

1° Le Turnips à tête rouge ou verte Faukard ;

2° Green round Norfolk ;

3° Pomeranian white Globe ;

4° Dales Hybrid.

Par rapport à leur culture nous nous contenterons de faire remarquer qu'elles exigent un grand espacement.

IV. — La Chicorée à grosse racine (Cichorium Intybus. Rave à café allemand).

La Chicorée à grosse racine, elle aussi, est une racine semblable à la Rave et doit, par suite, trouver place ici. Elle nous livre une preuve bien frappante de ce fait, à savoir que d'une plante de pré insignifiante il peut en résulter une plante très importante pour la culture. Et nous voyons, par les milliers de quintaux qu'on prépare chaque année pour remplacer le café, combien cette culture a déjà fait de progrès. Nous n'oserions pas prétendre qu'elle prendra encore plus d'extension, vu que, en dehors de la Chicorée, on emploie comme équivalent du café, des milliers de quintaux d'autres substances, comme Raves et Betteraves torréfiées, Carottes brûlées, Grain, Orge, Pommes de Terre torréfiées, etc. Quand les peuples peu civilisés de l'Est cesseront de prendre de l'eau-de-vie pour adopter le café, alors la culture de la Chicorée à grosse racine sera près d'atteindre son apogée.

En soi la culture de la Chicorée est une occupation fort lucrative, et on ne saurait trop la recommander. On la

sème à la volée et en lignes. L'ensemencement en lignes est
de beaucoup préférable à cause de la facilité du travail. Il a
l'avantage d'un travail plus facile, on peut sans peine arracher les mauvaises herbes d'entre les lignes. Les plantes
trop rapprochées sont enlevées avec la houe dans un
deuxième ou troisième sarclage, en sorte que chaque plante,
autant que possible, reste dans un rayon de 13 à 16 centimètres. Nous donnons ici *(fig. 10),* une reproduction de
l'excellent semoir en lignes de Sack, pour 3 à 36 lignes. Il
a 3 mètres de largeur et on peut l'employer comme
machine à semer en bouquets.

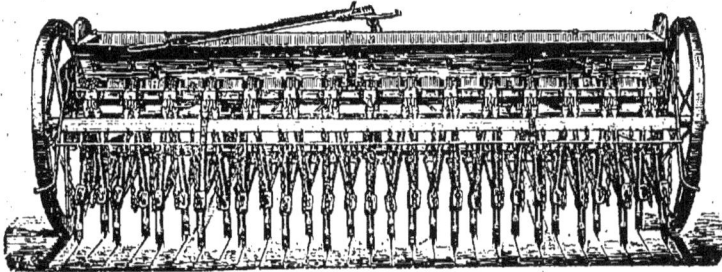

Fig. 10

En disant plus haut que la culture de la Chicorée est une
occupation lucrative et qu'on doit recommander, nous
n'entendons parler que pour les cultivateurs qui restent
dans le voisinage d'un séchoir à Chicorée et dans un rayon
d'une lieue au plus.

Dans le cas contraire, il faudrait construire soi-même un
four à sécher, ce qui n'exige pas un grand capital. Au prix
de 25,000 francs on pourrait en construire pour sécher de
20 à 30,000 quintaux de racines fraîches. (Nous ne faisons
pas entrer ici en ligne de compte la chaudière à vapeur ni
le montage de la machine.) La cherté ou le bon marché de
l'exploitation d'un tel four dépendant du prix et de la bonté
du combustible qu'on emploie; aussi est-il à conseiller de
l'élever dans la proximité des houillères.

Pour obtenir un quintal de Chicorée séchée au four, telle qu'elle entre dans le commerce, il faut de 3 1/4 à 3 3/4 de quintaux de racines. Ainsi préparée, la Chicorée forme un article de commerce important, et les 100 kilos se vendent à raison de 15 à 16 fr. 50. La semence qu'on peut obtenir facilement avec des pieds qui ont hiverné coûte 4 francs environ pour ensemencer un arpent, et cet arpent rend de 100 à 150 quintaux, si la Chicorée a été ensemencée en lignes de 30 à 45 centimètres. Pour récolter une Chicorée, à grosse racine, pas trop aqueuse, on fera bien, en tout cas, de la cultiver sur une seconde fumure, car sa valeur dépend de son poids spécifique, vu que plus la densité est grande, plus elle a de valeur pour être séchée et torréfiée après. Celui donc qui a un sol bon, argileux, et qui pour une raison quelconque, veut donner à la culture des racines fourragères une extension plus grande, trouvera une occupation facile et profitable dans la culture et le desséchement de la Chicorée. Si au temps de la récolte, le temps est sec, on laisse les racines de Chicorée étendues dans le champ après avoir coupé la tête de la plante. La chaleur du soleil fait évaporer une partie des parties aqueuses, et ce procédé accélère le séchage au four qui devient ainsi meilleur marché.

V. — Rave de la Marche *(Brassica rapa hortensis. Petit Navet de Felsau).*

On l'appelle aussi Rave de Berlin ; elle a un goût très agréable qui la fait aimer de tout le monde, comme nourriture, car on ne la cultive pas pour autre chose ; elle est excellente. Le terrain qui lui est le plus favorable est dans la Marche de Brandebourg, d'où elle a pris le nom. Sur un sol sablonneux elle prospère encore très bien après trois et six ans de seigle ; et si on veut que les raves soient délicates et petites, on doit toujours les cultiver dans un terrain effrité. Par une température normale, elles arrivent à maturité en neuf semaines à partir du jour de l'ensemencement, aussi peut-on les cultiver deux fois par an dans le

même champ. Elles ne réussissent que dans un sol sablonneux; on ne peut nullement les cultiver dans les terres
fortes; elles sont par contre un bienfait pour les contrées
sablonneuses, où elles donnent un rendement bien plus
élevé et plus certain que la culture des blés, qui du reste
n'est nullement gênée par la culture de la Rave de la
Marche.

On peut l'ensemencer en toute saison, pendant le printemps et l'été; en été, on peut très bien la cultiver dans les
chaumes après la récolte des blés. Les petites Raves de la
Marche forment un article d'exportation pour les contrées
de Berlin et de Brandebourg, et le fait de pouvoir supporter
très bien un long transport favorise admirablement leur
expédition. Pour ce motif nous conseillons à tous les agriculteurs des contrées peu fertiles de s'adonner à cette
culture, où ils trouveront une occupation bien payée.

Nous n'en disons pas davantage sur ces sortes de Raves,
et nous passons à celles qui ont une bien plus grande importance au point de vue de l'agriculture.

II

LA BETTERAVE CHAMPÊTRE OU FOURRAGÈRE
(Beta vulgaris).

Bien que la Betterave à sucre appartienne à cette famille, nous lui consacrerons toutefois une partie spéciale de notre ouvrage, parce qu'elle occupe, comme matière première d'une industrie grandiose, une place exceptionnelle dans l'histoire de notre zone tempérée.

Aussi, dans ce chapitre, ne voulons-nous parler que des Betteraves qu'on cultive comme fourrage pour nos ruminants.

Dans ce but, on prend toutes les sortes connues de Betteraves ; je n'en citerai ici que quelques espèces principales, vu que peu des différentes variétés ont une valeur spéciale.

Ainsi plus d'un horticulteur et jardinier marchand a-t-il vendu une variété qui, étant bâtarde, engendrait des bâtards, de sorte que dans leurs descendants on ne trouvait plus nulle trace de la Betterave-Mère si vantée.

Parmi les Betteraves à forme égale de racines, la différence la plus marquée, mais la moins essentielle, est la couleur de la peau de ces mêmes racines. La valeur fourragère dépend davantage de la manière de les cultiver ; aussi tout agriculteur doit-il prendre garde de se tromper et ne pas négliger une bonne sorte de Betterave rouge, quand on lui en recommande une soi-disant meilleure sorte jaune.

Il n'est pas dit par là qu'il n'y ait pas dans les Betteraves une différence considérable. Tel est en effet le cas, et ce cas est si essentiel qu'il vaut la peine de connaître les diverses races de la Betterave fourragère. Les efforts d'un bon agriculteur, doivent tendre constamment à obtenir la plus grande valeur fourragère que puissent donner les Betteraves. Comme la valeur fourragère d'une récolte ne coïncide pas toujours avec une récolte abondante, on fera bien de cultiver une espèce de Betteraves qui donne la plus grande valeur fourragère par hectare, les conditions du sol étant d'ailleurs égales.

Je ne recommanderai, dans les lignes qui suivent, que quatre espèces principales de Betteraves, qu'on doit considérer comme la base de beaucoup de variétés récemment parues et dont les qualités m'imposent l'obligation de les décrire. Outre la Betterave sucrière, qu'on cultive maintenant et avec un grand succès comme Betterave fourragère, ces quatre espèces sont :

1° La Betterave-Disette, Corne-de-Bœuf ;

2° La Betterave-Globe (Betterave ronde, en forme de globe) ;

3° La Betterave-Champêtre d'Allemagne, rose ;

4° La Betterave cylindrique, jaune-dorée. Tankard.

I. — La Betterave Corne-de-Bœuf, *appelée aussi Betterave de Brunswick. (Fig. 11.)*

C'est une Betterave longue d'une aune : 60 centimètres, naissant au-dessus de la terre. On l'appelle Betterave Cornue parce que sa forme ressemble en quelque sorte à la corne d'un bœuf.

Cette Betterave n'entre pas dans la terre plus profondément que n'a pénétré la charrue, et en croissant elle ne fait toujours que pousser hors de terre. Elle a donc sous ce rapport les qualités contraires de la Betterave sucrière, vu que cette dernière, par une croissance normale (géotropisme), grandit toujours en descendant en terre. L'écorce de la

racine de la Betterave Corne-de-Bœuf rouge-foncée est grise
dans sa partie supérieure, presque couleur de terre ; elle
est rugueuse ; à quelques endroits seulement et au bout
inférieur, en tant qu'elle pousse dans la terre, on voit

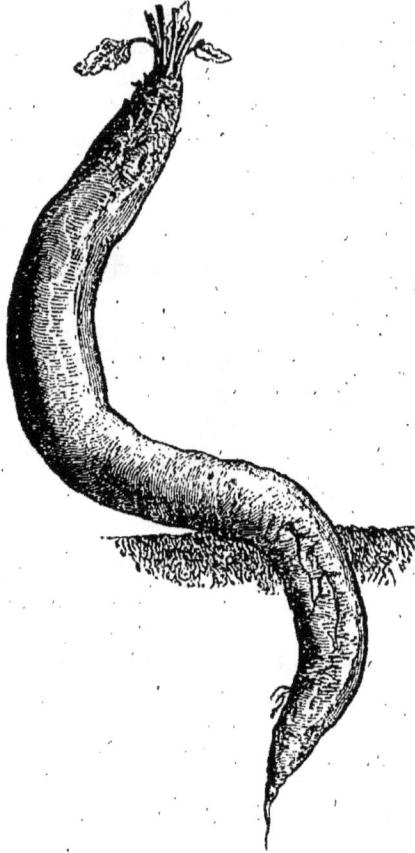

Fig. 11

paraître le noyau rouge foncé. Sa chair est couleur de
sang rouge-foncé, les feuilles gris-foncé, tirant quelquefois
dans le vert, surtout à leur revers.

Parmi les Betteraves fourragères, c'est une des plus précieuses. Ses principales qualités consistent en ce qu'elle a

une chair dure et consistante, peu aqueuse, ce qui fait qu'elle se conserve pendant longtemps. Avec quelques précautions, elle se conserve très bien, sans devenir molle, pendant tout l'hiver et au delà, jusqu'à ce qu'il y ait de nouveau du fourrage vert en abondance.

Autrefois on ne cultivait presque que cette sorte de Betterave ; toutefois sa culture est maintenant très restreinte, et cela bien à tort, parce qu'on n'estime pas assez haut sa valeur intrinsèque relativement à d'autres Betteraves qui donnent un rendement plus élevé.

La Betterave sucrière est la seule qui la surpasse en valeur fourragère ; les autres sortes de Betteraves fourragères peuvent tout au plus être placées sur le même pied ; mais comme ces dernières ont un rendement supérieur en poids par arpent, on les a récemment préférées à cette Betterave rouge, sans considérer que dans 100 quintaux de cette sorte rouge il y tout autant de matières nutritives que dans 120 quintaux des espèces désignées sous les chiffres 2 et 3. Sa culture rationnelle a lieu sur un terrain fraîchement engraissé par une fumure complète et de 250 quintaux au moins par arpent et enterrée autant que possible par la charrue déjà en automne ou en hiver.

Autrefois on ensemençait à la volée les graines de la Betterave à la fin d'avril ; après quoi on passait la herse. On le fait encore aujourd'hui en partie, mais à tort ; car de cette manipulation doit nécessairement résulter une position irrégulière, tantôt trop étroite, tantôt trop espacée ; par là aussi le premier et le deuxième binage deviennent extrêmement difficiles, et mainte petite betterave qui vient de naître est emportée, parce que l'ouvrier ne sait jamais où doit venir la jeune plante. Par cette attention continuelle sa vue se fatigue, et *devient insensible à l'existence de plus d'une Betterave.* Ainsi, les champs ensemencés de la sorte ont toujours un mauvais aspect, *ce qui fait qu'on doit absolument déconseiller de cultiver les Betteraves de cette manière.*

La meilleure manière de cultiver cette espèce de Betterave est de labourer deux fois le terrain fortement fumé,
en dehors du labour des semailles. Quand on veut, fin avril,
mettre en terre les graines, on prend deux charrues l'une
à la suite de l'autre ; des personnes habiles qui ont la
semence dans un tablier, mettent de 3 à 6 graines à des
distances de 40 centimètres derrière la deuxième charrue
sur la crête du sillon, de manière à ce que, avec le pouce
et l'index de la main gauche, on enfonce les graines de 1 1/2
à 2 1/2 centimètres de profondeur dans la terre.

II. — La Betterave-Globe (Betterave ronde, en forme de globe).

On la trouve sous toutes sortes de variétés, tantôt blanche,
tantôt rose, rouge, brune, jaune clair, orange, jaune
foncé, etc.; tantôt oblongue, en forme de bonde (V. fig. 13);
tantôt ovale ou ronde comme une boule (V. fig. 14). On
appelle, en Allemagne, cette espèce ronde, Betterave de
Oberndorf; en France, on lui donne le nom de jaune-globe
quand elle a une peau jaune. Certains éleveurs lui ont
donné encore d'autres noms particuliers. M. Steiger de
Leutewitz, l'appelle Betterave de Leutewitz et en cultive
une variété rouge et une variété jaune. F. Knauer appelle
la sienne, qui a été élevée en vue d'obtenir spécialement
quantité et qualité, Betterave-Géant jaune (V. fig. 12). Le
rendement de ces espèces, spécialement de la dernière, est
très élevé et surpasse de beaucoup par la quantité les deux
sortes précédemment nommées, en sorte que, à culture et
fumures égales, elle donne 50 °/₀ de plus que la Betterave
Corne-de-bœuf rouge foncée.

Si on la sème en pépinière, ce à quoi toutes ses variétés
se prêtent admirablement, on récolte, la fumure étant la
même, au moins 100 pour cent de plus qu'avec les autres
Betteraves. Mais on n'obtient cette valeur quantitative
qu'aux dépens de leur valeur nutritive, vu que les Betteraves semées en pépinière et mises après en place n'ont

jamais la même valeur fourragère que celles qu'on a semées sur place.

L'espèce jaune, appelée Betterave-Géant ou Betterave jaune en forme de boule, se trouve chez tous les marchands de graines (V. fig. 12); elle est bien à recommander pour la culture, car, à volume égal, elle est plus consistante que les Betteraves-Globe rouges et blanches.

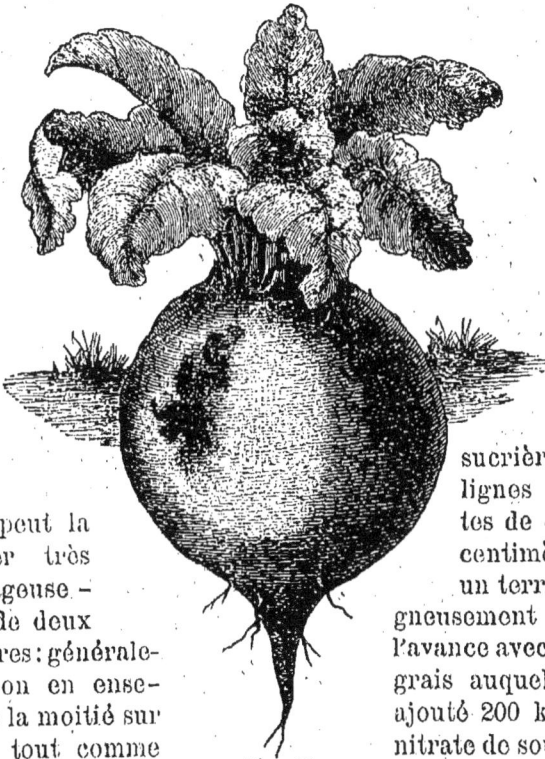

On peut la cultiver très avantageuse-ment de deux manières : généralement on en ensemence la moitié sur place, tout comme pour la Betterave sucrière, en lignes distantes de 40 à 45 centimèt., sur un terrain soigneusement fumé à l'avance avec un engrais auquel on a ajouté 200 kilos de nitrate de soude par hectare.

Fig. 12

La plupart du temps on les sème dans la première quinzaine d'avril parce qu'on peut ensuite, vers la Saint-Jean, employer comme « plants » les plantes arrachées au démariage.

On ensemence l'autre moitié de ces Betteraves en pépinière, à la volée, ou aussi en lignes serrées, à l'abri des froids de la nuit et des vents rudes. Ce qui fait qu'on doit donner la préférence à l'ensemencement en lignes, c'est que généralement, par un temps pluvieux, on arrache les jeunes plants pour les transplanter et que dans ce travail on peut se mettre entre les lignes.

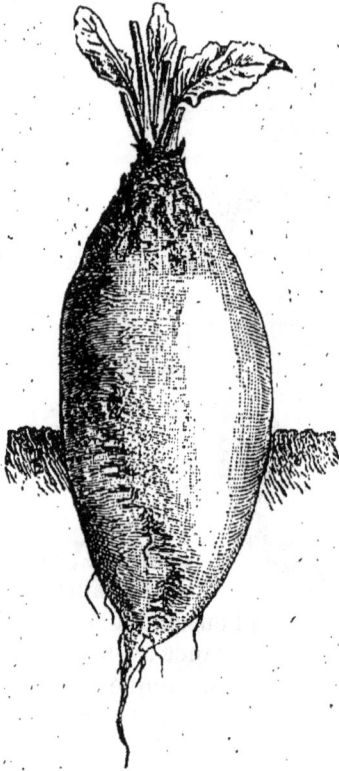
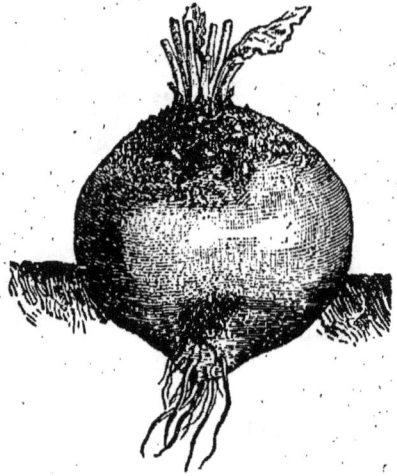

Fig. 13   Fig. 14

Pour que ces plantes prospèrent bien et vite, le sol doit être dans de bonnes conditions de fumure et autant que possible bêché (pelleversé), car plutôt on peut mettre le plant en place aux champs, d'autant plus certaine et d'au-

tant meilleure est la récolte sous le rapport de la qualité et
de la quantité.

L'ensemencement à la machine favorise l'uniformité dans
la levée et facilite un travail régulier. On doit biner le
champ au moins trois fois ; si on peut le faire plus souvent,
le rendement s'en trouve considérablement augmenté. Il
en est de même d'un labour profond, de 20 centimètres au
moins ; si on laboure plus profondément, cela n'en va que
mieux ; toutefois la culture de cette sorte de Betterave
n'exige pas un travail si profond que celui de la Betterave à
sucre, laquelle croît complètement dans la terre.

Cette espèce de Betterave demande à être démariée aussitôt que possible. Comme les racines grandissent encheve-
trées les unes dans les autres, lorsque plusieurs se touchent
il faut éloigner les plants superflus le plus vite possible. Il
faut excepter le cas où on voudrait, comme nous l'avons dit
plus haut, utiliser les plantes arrachées pour les transplanter. Alors il faut naturellement les laisser en place jusqu'à
ce que le champ soit prêt à les recevoir.

On doit donc rejeter absolument le procédé qu'emploient
certains agriculteurs et qui consiste à laisser les Betteraves
les unes à côté des autres, afin de pouvoir les éloigner plus
tard quand on pourra les utiliser comme fourrage. Le rendement d'un champ ainsi maltraité peut être complètement
manqué.

Avec une fumure de 200 quintaux de fumier d'écurie par
arpent dans un terrain auparavant effrité mais propre à la
Betterave, on peut compter sûrement sur un rendement de
50 à 60,000 kilos à l'hectare. Le contenu en sucre de cette
Betterave est, d'après Mitscherlich, de 6 à 11 pour cent ;
aussi les ménagères l'emploient-elles fréquemment pour
faire du sirop.

III. — La Betterave-Champêtre d'Allemagne, rose.
(Fig. 15.)

Elle a des feuilles vertes, une chair jaune ou rouge-pâle ; elle n'est pas recourbée, mais droite ; la peau de la racine est jaune ou rouge. Cette racine devient assez volumineuse.

Tout ce que nous avons dit de la culture de la Betterave Corne-de-Bœuf s'applique aussi à cette sorte. Mais avec une fumure égale, la Betterave d'Allemagne donne un rendement en poids de 30 pour cent de plus que la précédente, rendement qui n'est pas cependant tout à fait en rapport avec la valeur nutritive. Quoi qu'il en soit, on en peut recommander la culture sur un bon terrain.

Elle se prête également bien à la transplantation. D'après Mitscherlich, son contenu en sucre comprend de 4 à 8 pour cent.

On prépare le terrain pour le plant de la manière suivante : Au printemps, on amène de 250 à 300 quintaux de fumier sur le premier labour ; on l'enfouit aussitôt, avec la charrue, de 15 à 20 centimètres et on laisse reposer et fermenter le sol. Mais si on fumait le champ en automne ou en hiver, cela n'en irait pas plus mal ; en tout cas ce

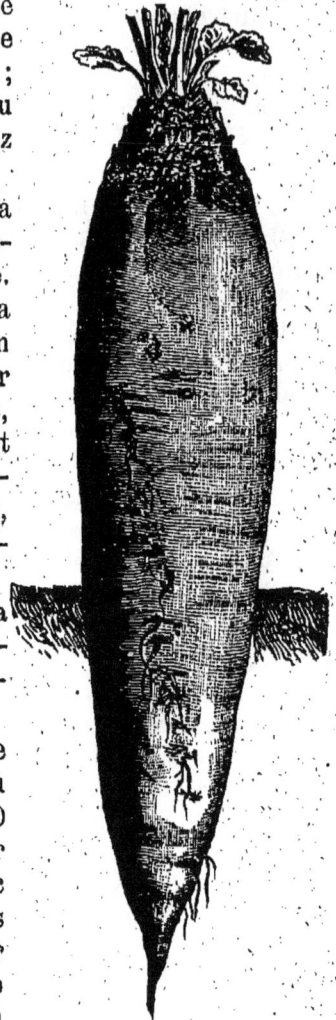

Fig. 15

serait sans inconvénient. Comme, toutefois, le fumier est assez rare en automne, cette manière de procéder permet qu'on puisse cultiver comme il faut le terrain au printemps ; ce motif fait déjà qu'on doit la recommander.

Si donc la pluie arrive à la fin de mai ou au commencement de juin, ou bien si le champ a déjà assez d'humidité, on se met à arracher le plant ; on coupe un peu la queue des racines afin que la plante ne se recourbe pas en l'enfonçant dans la terre. Écourter les feuilles est chose inutile, les couper n'est nécessaire que dans les contrées où on cultive la Betterave à sucre, car dans ces contrées les corneilles retirent de la terre chaque plante fanée, et par conséquent la Betterave fourragère plantée avec ses feuilles, dès qu'elle a, comme il arrive toujours dans les premiers jours, des feuilles fanées. Les corneilles font cela parce que à chaque Betterave sucrière fanée elles trouvent une larve de hanneton (ver blanc) ; elles supposent, par conséquent, trouver à toute Betterave fourragère fanée une friandise pareille.

On laboure ensuite avec trois charrues pénétrant à 25 centimètres, et on met les plantes derrière la troisième charrue, dans le sillon, avec 35 à 40 centimètres de distance, non en rectangle mais en triangle, autrement dit « sur joint » ; ou bien on prépare complètement le terrain avec la herse ou le rouleau, on marque ensuite le champ et on plante ensuite les Betteraves au croisement des lignes du marqueur.

Les Betteraves-Bouteilles ainsi plantées donnent en quantité le meilleur rendement par hectare, lequel peut facilement s'élever de 50,000 à 65,000 kilos. Dans le concours de la Société Agricole de Mindon-Ravensberg en 1879, on a obtenu le résultat suivant : Le plus haut point à 50,000 kilos de Betteraves et plus par hectare a été six fois atteint. Les plus hauts rendements de cette année 154,000 kilos pour la Betterave et 73,000 kilos pour la Carotte dépassent de beaucoup les rendements des années précédentes. » Les Betteraves semées sur place doivent être binées trois fois, celles qu'on transplante se contentent d'être sarclées, binotées et chaussées deux fois, parce que dans la deuxième moitié de l'été les mauvaises herbes ne pullulent pas autant qu'au printemps. Là donc, où les ouvriers sont rares ou chers, il est bon de cultiver cette Betterave en pépinière et de la mettre plus tard en place. Le sol, dans ces champs, ne devient pas aussi consistant, parce que la végétation des Betteraves se faisant très rapidement, les feuilles ombragent bientôt toute la terre. Son contenu en sucre comprend, d'après Mitscherlich, de 6 à 8 pour cent.

IV. — La Betterave cylindrique, jaune-dorée, Tankard. *(Fig. 16.)*

On a formé récemment sous ce nom une espèce de Betterave qui est très à recommander, à cause de son poids et de la haute valeur de sa substance nutritive. De même que la Betterave champêtre d'Allemagne et les Betteraves rondes on peut la semer à partir de la fin de Mars jusqu'en Mai, tantôt à la volée, tantôt à la ligne, ou bien en pépinière pour les repiquer ensuite à demeure ainsi que nous l'avons exposé pour les autres races.

La plupart des marchands vendent sous le nom de « Cylindres » des semences seulement cultivées, mais non *élevées*. Les Betteraves qui en résultent ont par suite différentes couleurs, comme jaune foncé, jaune citron, rouge pâle, rouge vif, il y en a même de blanches. La plupart du temps on reçoit un mélange de toutes ces couleurs.

Nous reçumes nous-même d'un horticulteur célèbre de Quedlinbourg, sous le nom de « cylindres or jaune » un mélange de 2/3 de Betteraves-Bouteille jaunes, et 1/3 seulement de Betteraves cylindriques. Aussi depuis plusieurs années avons-nous entrepris l'élevage pur de *Betteraves-Cylindres jaune or*, et nous espérons avoir rendu par là un bon service aux agriculteurs qui cultivent la Betterave fourragère. Nous en donnons ici, sous le n° *16*, la figure, dans l'espoir que cette plante prendra bientôt dans la culture de la Betterave la place qui lui revient.

V. — La Betterave à sucre en sa qualité de fourragère.

On la cultive beaucoup de nos jours dans toutes ses espèces, bonnes et mauvaises, comme plante fourragère et

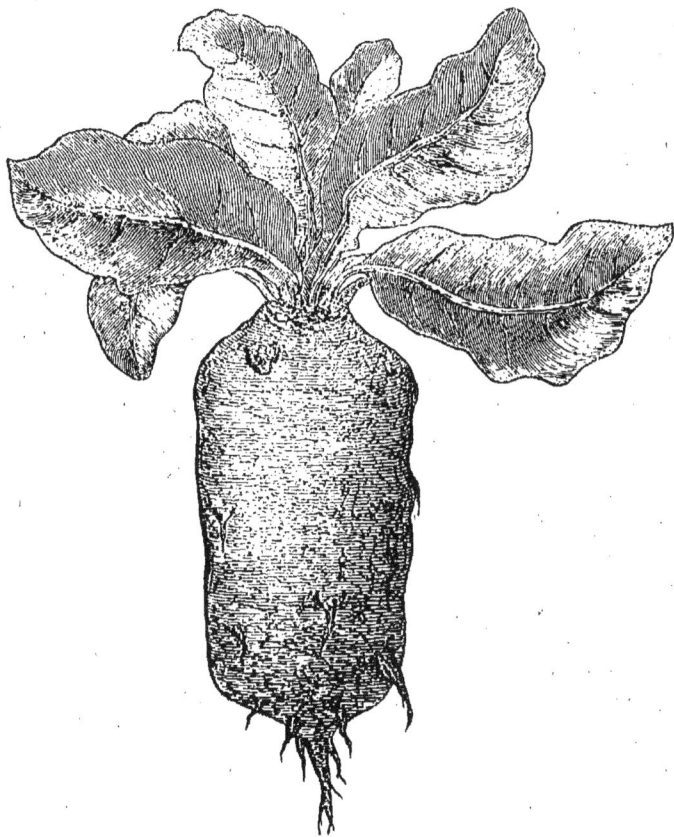

Fig. 16

à juste titre, car à qualités égales du sol et de fumure, elle donne presque le même rendement que la Betterave fourragères emée, et une nourriture meilleure pour les bestiaux.

Mais ce qui la recommande principalement comme Betterave fourragère, c'est qu'elle supporte mieux que toutes les
autres Betteraves un sol sablonneux, elle le doit à ses longues
racines pivotantes qui l'empêchent de souffrir trop de la
sécheresse. Sa meilleure qualité toutefois est qu'on peut la
cultiver avec le plus grand avantage sur seconde fumure
avec supplément d'engrais chimique, et que pour elle, le
cultivateur n'a pas besoin de priver d'engrais ses plantes
oléagineuses et ses Blés d'hiver.

Si sur seconde fumure elle ne donne pas une si grande
quantité de nourriture, elle remplacera complètement ce
manque par la qualité, elle fera même plus que le remplacer,
et dans un champs qui a été fumé pour les céréales avec
250 quintaux de fumier d'écurie, on peut en récolter dans
l'année suivante, 36,000 à 40,000 kilogs, ce ne sont pas là
encore les seuls avantages de sa culture. Sur une première
fumure, sa culture devrait être exactement la même que
celle des Betteraves-globe, cylindre, ou d'Allemagne.

Mais on fera bien de ne la cultiver que sur seconde
fumure ; nous donnerons plus tard de plus amples détails
quand nous parlerons de sa culture comme Betterave à
sucre.

VI. — Aperçu général sur les Betteraves fourragères.

De ce qui précède, il résulte que les Betteraves fourragères en général non seulement supportent, mais exigent
même une fumure plus énergique, 40 charretées de 1,250 à
1,500 kilogs chacune par arpent. (25 ares).

L'opinion qui prétend qu'on peut fumer un arpent avec
120 quintaux est de l'ancien temps et irrationnelle. Malheureusement la plupart des agriculteurs ne sont pas en état
d'employer 30,000 kilogs de fumier par arpent. Cela pro-
vient de ce qu'ils ne cultivent pas assez de plantes et racines
fourragères. Ils veulent retirer de leurs champs beaucoup
d'argent, mettent pour cela beaucoup de Blé avec une fumure

minime, et ne peuvent par conséquent cultiver que peu de
Betteraves, même avec peu de fumier; par là, ils obtiennent
peu de fourrage et par suite peu de fumier. La production
du fumier étant minime, ces agriculteurs ne peuvent que
labourer à la superficie, et par là leurs champs deviennent
plus improductifs d'année en année et plus ravagés par les
mauvaises herbes. Dans ces circonstances de pauvreté
d'engrais, il est absolument nécessaire, jusqu'à ce qu'on ait
obtenu plus de fourrage et de fumier par la culture des Betteraves, d'employer aussi plus d'engrais chimiques pour
toutes les cultures de fruits des champs ; c'est le seul moyen
de relever rapidement une propriété délabrée par le manque
de fumier.

Il résulte encore de ce qui précède que, sur une fumure
rationnelle, la Betterave Corne-de-Bœuf rouge foncé et la
Betterave-Géant ronde, jaune de Knauer donnent la
plus grande valeur fourragère et se conservent le plus longtemps.

Toutefois, un agriculteur intelligent cultivera, sur seconde
fumure, la plus grande partie de ses Betteraves fourragères en les semant directement sur place et sur une première fumure il les cultivera en pépinières pour les repiquer plus tard. Il est de fait que, outre l'exemple déjà cité
du concours de la Société agricole de Minden-Ravensberg,
où un arpent (25 ares) donna 777 quintaux, un autre concours produisit, en Saxe, 535 quintaux par arpent.

Dans la Prusse orientale et dans un semblable concours,
on obtint 640 quintaux par arpent. M. de Jagon, à Calber-
wisch, dans la vieille Marche, en récolta 1,194 par arpent.
M. de Caspari, dans le midi de la France, prétend avoir
obtenu 1,500 quintaux par arpent dans une seule récolte.
Ajoutons qu'il avait employé 1,000 quintaux de fumier de
ferme et 8 quintaux de Tourteaux de Colza par arpent et
que les plantes furent élevées en serre et arrosées tous les
12 jours.

De tels essais prouvent bien, il est vrai, la quantité de
Betteraves que peut produire un arpent de terre, mais en

pratique ils ont peu de valeur, parce qu'ils sont impraticables sur une vaste échelle. Nous avons vu qu'une culture en grand et sur un sol fumé de 300 quintaux de fumier, on obtenait 300 quintaux de Betteraves fourragères, (60,000 kilogs à l'hectare) et nous considérons ce résultat comme avantageux ; tout agriculteur doit l'avoir en vue et peut l'atteindre.

L'examen d'une plante quelconque relativement à sa valeur nutritive réelle est un des problèmes les plus difficiles qu'il y ait pour un laboratoire agricole-chimique ; mais afin de pouvoir trouver promptement un point d'appui approximatif touchant la valeur fourragère d'une Betterave, on a proposé, et non tout à fait sans raison, de considérer cette valeur comme proportionnelle au contenu en sucre, montant et descendant avec lui.

Donc, comme la recherche du sucre est une manipulation relativement facile, il est avantageux pour les gros propriétaires de se procurer eux-mêmes un saccharomètre, ou tout au moins un densimètre. Les fermiers qui demeurent dans le voisinage d'une fabrique de sucre peuvent facilement y prendre connaissance de la valeur saccharine de leurs produits, car toute Betterave, même la plus rouge foncé, peut être examinée au point de vue de son rendement en sucre, et approximativement par conséquent, de celle de sa valeur.

La crainte, si souvent énoncée, que le sol ne puisse enfin s'épuiser par une culture de Betteraves trop souvent réitérée, sera examinée un peu plus loin.

Supposons que le cultivateur procède réellement et emploie la 4ᵉ partie de ses terres à la culture des Betteraves, en suivant, par exemple, l'assolement suivant :

1° Fruits sur jachère (Poids, Haricots, Vesce) ;

2° Céréales d'hiver ;

3° Betteraves plantées sur une fumure de 300 quintaux environ par arpent ;

4° Blés d'été ;

5° Trèfle ;

6° Blés d'hiver sur une fumure de 200 quintaux par hectare ;

7° Betteraves pour fourrage ensemencées sur place ;

8° Céréales d'été.

Il n'y a nullement à craindre l'amoindrissement de la végétation par les Betteraves, vu que la principale matière nutritive de la Betterave est contenue amplement dans le fumier. Un bon moyen pour donner de la vigueur à une culture de Betteraves, serait de mettre en terre de la chaux ou de la potasse, en quantité de mille kilos par arpent (25 ares)..... sur les terrains pauvres en chaux ou en potasse. Cela suffit sur un terrain dépourvu de chaux, vu que la Betterave absorbe moins de parties minérales qu'il ne s'en produit dans le sol, par la décomposition, dans une culture rationelle.

La Betterave n'absorbe pas d'autres substances de la terre que celles qu'absorbe toute autre plante, il n'y a de changé que les proportions, *et nos descendants cultiveront, dans cent ans, des Betteraves d'une manière bien plus intelligente que nous ne le faisons aujourd'hui.*

Il ne reste qu'à désirer que la culture de la Betterave fourragère prenne une bien plus grande extension, et que tout agriculteur, qui n'est pas associé à une fabrique de sucre, soit en état de donner chaque jour, du 1er novembre au 15 juin, de 1/2 à 3/4 de quintal de Betteraves à chacune de ses bêtes à corne. Là où cette proportion n'est pas encore réalisée, on a bien raison d'augmenter encore considérablement la culture de la Betterave. Car beaucoup de fourrage de Betterave donne beaucoup de fumier, beaucoup de fumier donne beaucoup de Blé, beaucoup de Blé donne beaucoup d'argent *et beaucoup d'argent* est, pour l'agriculteur, le résultat final qu'on veut atteindre.

Les deux exemples suivants (et ces exemples sont empruntés à l'expérience), prouvent combien la production du fumier c. a. d. par contre la culture de la Betterave, peut relever les rendements d'une propriété,

Dans la première de ces propriétés, on a introduit la culture de la Betterave sur un tel pied que peu de petits propriétaires seulement en faisaient une pareille ; avec égalité de terrain, la plupart en cultivent encore bien moins. Malheureusement beaucoup de cultivateurs ne peuvent pas se débarrasser encore de leur ancienne routine. Voilà pourquoi le premier exemple est basé sur cet assolement défectueux. Les deux propriétés sont supposées dans une position excellente et ayant un sol des meilleurs pour la Betterave. Deux fermes qui existent en réalité, sont situées dans le même village et répondent parfaitement aux calculs précités. Les calculs suivants ont été faits depuis quelques années ; les deux terres, la deuxième surtout, sont maintenant bien différentes et les rendements ont doublé.

Dans la deuxième propriété, on a pris pour base l'assolement avec une forte culture de Betteraves proposé plus haut ; et les résultats étaient les suivants :

1° Une propriété de 200 arpents de terres labourables compte 30 bêtes à corne ; le propriétaire procède d'une manière intelligente, mais fait peu de betteraves.

Les bêtes à corne, maigrement nourries, produisent ici 1 quintal de fumier, par tête et par jour, ce qui donne 10,950 quintaux ou 365 charretées à 30 quintaux. Les calculs de production sont, par suite, comme ci-dessous (tableau A).

Une propriété semblable de 200 arpents possède, avec une culture de Betteraves plus étendue, environ 50 bêtes à cornes, et celles-ci produisent, par une quantité de Fourrages obtenue par l'assolement adopté, 1 quintal 1/4 de bon fumier par tête et par jour. Cela fait, par an, 21,812 quintaux et demi, ou bien 760 charretées à 30 quintaux. Il va sans dire que l'ensemencement, à cause de la haute culture présente, est moindre que celui de la propriété moins bien dirigée. Nous faisons suivre, par le (tableau B), une exposition des rapports de fumage dans cette propriété.

A

ASSOLEMENT	RENDEMENT EN FRUITS par arpent (50 ares).		FUMURE par arpent (qtal de 50 kos)	TOTAL de fumier (qtal de 50 kos)
1. Céréales d'hiver..	35 arpents		128 70/85	4058 70/85
2. Céréales d'été....	30 —	Seigle	128 70/85	3864 60/85
3. Jachère..........	35 —	Orge......	»	»
	30 —	Avoine....	»	»
	20 —	Trèfle.....	»	»
	20 —	Betteraves	128 70/85	2575 40/85
	30 —	Jachère...	»	»
		Total du fumier...		10,500 quint.

B

ASSOLEMENT	RENDEMENT EN FRUITS par arpent (50 ares).		FUMIER par arpent (qtal de 50 kos)	TOTAL du fumier (qtal de 50 kos)
1. Fruits sur Jachère fumée	10 arpents (mélange).		»	»
	15 —	Pois	»	»
2. Céréales d'hiver..	25 —	Seigle.....	304 12/75	7604
3. Betteraves fumées	25 —	Betteraves.	304 12/75	7604
4. .... d'été....	25 —	Orge......	»	»
5. Trèfle	25 —	Trèfle.....	»	»
6. Céréales d'hiver fumées	25 —	Froment ..	304 12/75	7604
7. Betteraves à sucre	25 —	Betteraves à sucre..	»	»
8. Blés d'été	25 —	Avoine....	»	»
		Total du fumier...		22,812 quint.

A la suite de cela, tout agriculteur sera bien forcé d'avouer que la propriété (B), avec une culture étendue de Betteraves, se relève nécessairement d'année en année, tandis que la propriété (A), supposé qu'elle ne s'appauvrisse pas, ne gagne certainement pas en fertilité et en reste tout au plus au même point.

Le calcul de production pour (A) est dans le tableau suivant qui ne comprend pas les recettes provenant du bétail, etc.

ENSEMEN-CEMENT Boisseau (*)	RÉCOLTE EN GRAINS et en quintaux par arpent.	RENDEMENT	PRIX par unité (marc).	PRODUIT de récolte en marcs.
40	8 grains.........	320 bx Froment..	7.50	2400
36	7 —	252 — Seigle.....	6 »	1512
45	8 —	360 — Orge	5.50	1620
50	8 —	400 — Avoine....	3.75	1500
»	20 qx (val du foin)	400 qx Trèfle.....	1.50	600
»	150 quintaux......	3000 — Betteraves	0.75	2250

Total de la Recette...   9882 m.

La propriété (B) par contre produit :

ENSEMEN-CEMENT Boisseau (*)	RÉCOLTE EN GRAINS et en quintaux par arpent.	RENDEMENT	PRIX par unité (marc).	PRODUIT de récolte en marcs.
15	30 qx (val du foin)	450 qx (mélange).	1.50	675
17	6 grains	102 bx Pois	6 »	612
28	12 —	336 — Seigle	6 »	2006
»	250 quintaux	6250 qx Betterave.	0.75	4687 50
30	14 grains	420 bx Orge	4.50	1890
»	25 qx (val du foin)	625 qx Trèfle	1.50	937 50
20	12 grains	336 bx Froment	7.50	2520
»	200 quintaux	5000 qx Bet^{s}à sucre	0.75	3750
30	14 grains	420 bx Avoine	3.75	1575

Total des Recettes   18663 m.

Nous n'avons pas à rentrer ici dans des détails pécuniaires sur le rendement des deux propriétés, vu que le produit net est calculé diversement dans les divers endroits. Il n'est pas besoin de dire que la propriété qui a une culture étendue de Betteraves demande plus de frais que celle qui a adopté l'assolement (A), de 3 ans, où la culture de la Betterave est plus restreinte ; malgré cela la première donne un produit net bien plus élevé que la seconde.

Supposé que la propriété (A) ait coûté, y compris les frais généraux et les intérêts (9,000 marcs de dépenses), et l'autre une fois et demie autant, c. a. d. 13,500 marcs ; le

(*) Le boisseau allemand = 54,96 litres.

propriétaire de la première aura un rendement net de *882 marcs*, et celui de la seconde un rendement de *5,163 marcs.*

Les produits obtenus sont taxés au prix qu'ils avaient chaque jour dans le commerce, et à 1 franc le quintal, chaque Cultivateur doit pouvoir employer les Betteraves comme Fourrage, vu que les gens intelligents aiment à les acheter à ce prix.

Quand à l'assolement dans la culture de la Betterave fourragère, il y en a plusieurs de possibles; toutefois celui que nous avons indiqué plus haut avec le quart de Betteraves en huit saisons ne sera pas dépassé de sitôt, vu qu'il fait une part suffisante aux autres besoins agricoles et surtout à la culture du Trèfle.

Il peut y avoir des circonstances toutefois en dehors de la raison agricole qui exigent un autre assolement; on cultive souvent, en effet, là où la Luzerne ou le Sainfoin sont en vogue, les Betteraves après ces sortes de Trèfle, et cela dans l'assolement suivant:

1° Luzerne de plusieurs années;
2° Betterave fourragère sans fumier;
3° Froment fumé;
4° Pommes de terre;
5° Orge, etc.

Si on veut faire des Betteraves dans la cinquième partie de ses terres on pourrait bien adopter une méthode à dix saisons avec l'assolement suivant:

1° Colza fortement fumé;
2° Céréales d'hiver;
3° Betteraves, petite fumure;
4° Orge;
5° Trèfle;
6° Céréales d'hiver, grande fumure;
7° Betteraves;
8° Pois, Haricots, Vesce, petite fumure;
9° Céréales d'hiver;
10° Jachère.

Demandons maintenant s'il est nécessaire de tant recommander la culture de la Betterave, et si effectivement on en cultive moins qu'il n'en faut, et tout agriculteur qui connaît notre situation générale nous donnera une réponse bien triste.

La culture de la Betterave est dans un état déplorable. Il y a, effectivement, dans le nord de l'Allemagne des propriétés qui ont de 7 à 9 têtes de bêtes à cornes pour 100 arpents de terre, et presque pas d'autre animal qui fasse du fumier, si ce n'est une paire de chevaux. Or, les fermiers, sur 100 arpents de terre en cultivent pour le Fourrage tout au plus de 4 à 10, avec des Plantes sarclées. Calculons donc, dans des circonstances si déplorables de fumure, un rendement de 100 quintaux de Betteraves par arpent, cela fait un total de 400 quintaux, de 1,000 tout au plus. Répartis dans 8 mois de l'année ou 240 jours, cela fait 1/5 de quintal par bête et par jour. Par là, les bêtes deviennent chaque jour plus pauvres en viande, mais plus riches en poils. Le fumier produit par ces animaux est si sec dans l'écurie qu'il ne veut pas se mêler avec la litière; si on le jette à la muraille il ne laisse jamais de tâche verte. Dans l'endroit où on prépare le Fourrage on chercherait vainement, dans un tas de Paille hachée et de balles de Blés, un petit morceau de Betterave.

Qu'on ne nous reproche pas d'avoir fait un tableau trop sombre.

Nous nous adresserions aux propriétaires des grandes étables voûtées, de ces palais d'animaux pavés en marbre et en granit, Messieurs les Conseillers d'agriculture, qui sont appelés à sauvegarder les intérêts vitaux de l'agriculture; nous nous adresserions, de plus, aux Messieurs qui font partie des grands Comices agricoles et nous les prierions de descendre de leurs terres domaniales ou de leurs propriétés seigneuriales, une heure par mois seulement, et de daigner venir dans les basses maisons vermoulues des animaux des petits paysans et agriculteurs, ils verraient combien il est urgent qu'on porte secours au pauvre petit Agriculteur, qui se donne bien plus de mal que n'importe quel ouvrier de village; car il est, en tout cas, le collègue du plus grand propriétaire du pays. Si on l'aide par les leçons et par l'exemple, il formera, lui et ses enfants, le plus ferme appui pour la Patrie.

Cette leçon, ce sont les Sociétés agricoles qui doivent la lui donner, non les Sociétés agricoles savantes, mais les Comices agricoles de paysans qu'on devrait favoriser. Les efforts qu'un gouvernement ferait sous ce rapport seraient accompagnés d'une bénédiction sans fin. De tels Comices agricoles de paysans ont poussé, il est vrai, dans ces dernières années, comme les champignons après la pluie, mais beaucoup d'entre eux s'étiolent; car il est très facile de fonder une telle Société, mais il est bien difficile de la conduire, de lui conserver sa vitalité et d'en rendre les séances animées, instructives et intéressantes. Pour avoir une matière instructive suffisante, il est bon d'imiter le système du Comice agricole de Bitterfeld et Delitsch, dans lequel huit membres envoient une question chacun pour chaque séance, et doivent se charger en même temps de faire un rapport sur cette question.

Le petit Cultivateur ne peut prendre exemple que sur les grands; or, comme c'est surtout la culture de la Betterave qui est appelée à donner un nouvel essor à toute propriété et à la relever de la manière la plus pratique, tous les Agriculteurs intelligents devraient s'unir à nous pour enseigner à nos collègues comment on doit cultiver la Betterave et beaucoup de Betteraves avec profit. Par là ils reçoivent du Fourrage, le Fourrage donne du Fumier, le Fumier du Blé, et le Blé de l'argent et de l'aisance, comme nous l'avons déjà dit. Nous ne croyons pas nous tromper en disant que le sol cultivé actuellement en Europe peut donner en moyenne un rendement trois fois supérieur au rendement actuel, sans perdre lui-même en qualité; car plus on retire du sol et plus il devient riche et capable de produire, si on le cultive et fume bien. Que les petits agriculteurs n'aillent pas croire toutefois, de ce qui précède que nous avons jugé trop sévèrement de leur rapports agricoles, comparés à d'autres, quoique peut être nos expressions soient un peu fortes.

Malheureusement, parmi les grands agriculteurs, même parmi les plus grands, de l'Allemagne et des pays limitrophes, il y en a qui font d'aussi mauvaise agriculture que les petits, dont nous avons parlé; oui certes, et s'il nous était permis de donner ici la liste des agriculteurs faisant de la mauvaise agriculture, maint lecteur de ce petit livre s'étonnerait d'y trouver des noms connus. Que cela soit blâmable de la part des gens du métier, nous n'avons pas besoin de le démontrer. Les grands agriculteurs eux-mêmes commettent la faute dont nous parlons. Ils ont trop peu de bétail et trop peu de fourrage; par là, en effet, ils se privent de l'élément vital, du point de départ de tous les produits végétaux, *du fumier*.

Avant de terminer ce sujet *de la culture de la Betterave fourragère*, rappelons encore une fois que l'agriculteur doit sous ce rapport cultiver *beaucoup de Betteraves;* car *l'amélioration radicale d'une terre n'est possible que par une forte culture de Betteraves et la production du fumier qui en est la suite.*

La nouvelle méthode rationnelle d'agriculture ne se contente pas toutefois de travailler au relèvement d'une terre en se procurant des bestiaux et du fourrage pour l'augmentation du fumier et l'amélioration des champs. Ce procédé est trop long pour elle; le proverbe des Anglais: *Time is money,* le temps c'est de l'argent est également connu des agriculteurs; aussi les meilleurs d'entre eux emploient-ils de grandes quantités d'engrais chimiques pour la culture de la Betterave jusqu'à ce que la production du fumier animal ait eu le temps d'augmenter, et ce procédé réussit à merveille.

L'excellent guano du Pérou étant presque complètement épuisé et les couches nouvellement découvertes étant de qualité médiocre, on emploie depuis quelque temps, comme fumier, le plus riche en azote, l'azotate de soude en quantité de 1/2 à 3 quintaux par arpent. On supplée à son manque d'acide phosphorique par l'emploie d'une égale quantité de superphosphate. Un fumier très en vogue et qu'on emploie avec succès est le résidu de la préparation de l'extrait de viande ; c'est ce qui reste dans les fabriques d'extrait de viande à Fray-Bentos dans l'Amérique du Sud et ailleurs. Par l'emploie de cet engrais chimique et d'autres encore, on retire du sol des rendements fabuleux.

Si le sol est riche en terre végétale et qu'il ait été toujours bien fumé, alors les engrais chimiques font merveille ; mais qu'on se garde bien de les acheter chez les petits marchands et les charlatans. Dans chaque province il y a des dépôts contrôlés, et en les achetant là, on est sûr que ces engrais contiennent le pour cent des matières fertilisantes garanti sur facture.

L'expérience démontre que l'agriculteur qui achète pour 15 francs d'azotate de soude obtient par là, en l'employant bien, 22 francs de recettes en plus et gagne par conséquent 50 pour cent. Mais qu'on se garde bien d'employer seul un engrais azoté. Il est nécessaire d'y ajouter des phosphates et d'améliorer le fumier d'écurie, en y répandant dans les écuries et dans les endroits où on le conserve du plâtre cru, du Krugit (Sel de potasse de Stasfurt) ou mieux encore ce qu'on nomme phosphate de plâtre. Sans cela l'ammoniaque si précieux se perd par la fluidification et on fait des pertes d'argent sensibles. D'après un calcul récemment donné dans la « Presse agricole » la quantité d'azote qui se perd, en France, de cette manière est très grande. En traitant ainsi rationnellement et énergiquement les endroits où est le fumier et le sol de l'écurie on obtiendrait un gain d'azote égal à l'azote contenu dans 25 millions de quintaux de sulfate d'ammoniaque. Quelle somme de prospérité se répandrait sur le pays, si on l'empêchait de se perdre !

VII. — Culture des Betteraves à sécher au four.

Nous voulons encore faire mention d'une utilisation de la Betterave, utilisation qui occasionne une consommation annuelle de milliers de quintaux de cette plante, à savoir l'usage de la Betterave torréfiée comme café. Des milliers de quintaux sont séchés et arrivent ainsi sur les marchés de Magdebourg, Stettin, Breslau, etc. La Betterave séchée est travaillée et mêlée à la Chicorée dans les fabriques et ce mélange entre dans le commerce sous le nom de « Café Allemand. »

On prend dans ce but la *Betterave à sucre*, et même une race passablement volumineuse, par exemple la Betterave électorale. Quoique la culture de la Betterave dans ce but n'ait pas besoin d'être si bien soignée que d'habitude, on ne saurait toutefois conseiller assez à ceux qui veulent sécher les Betteraves, pour les vendre ensuite de ne pas se laisser tromper par les apparences comme cela est arrivé souvent par le passé. Quoique les sels et les substances azotées, comme le gluten, les albuminoïdes, gélatines, pectines, etc., pèsent encore étant desséchées, il faut bien considérer pourtant que le complément de ces substances n'est que de l'eau qui ralentit considérablement la manipulation du séchage et que pour chaque 1/2 pour cent de présence d'acide pectique il manque 1 pour cent de sucre dans la Betterave.

Les cultivateurs de la Betterave à sécher doivent donc faire attention de produire une Betterave à chair dure, vigoureuse, ce qui n'est possible que sur deuxième fumure avec peut-être un mélange de 4 quintaux d'azotate de soude et 4 quintaux de phosphate par hectare.

Quoique 200 quintaux de grandes Betteraves cultivées sur première fumure donnent peut-être un peu plus de matière séchée que 150 quintaux sur deuxième fumure, les conditions de terrain étant égales d'ailleurs, il n'en est pas moins vrai que cette petite quantité de 13 de plus environ pour cent est richement contrebalancée par l'augmentation de frais qu'exige un plus grand volume.

On cultive également des masses de Betteraves pour la fabrication des alcools, en France surtout et en Autriche. En Allemagne, le mode d'impôt de la mise en œuvre des Betteraves en alcool n'est pas favorable à cette industrie ; aussi a-t-elle fait peu de progrès. Nous ne faisons remarquer ces faits que pour montrer quel usage multiple on peut faire de la Betterave. Si un jour on décrétait un impôt sur la fabrication ou la consommation des alcools au lieu de l'impôt actuel basé sur la contenance des cuves, alors l'agriculture qui fait principalement les pommes de terre dans les contrées moins fertiles, pourrait cultiver des Betteraves pour la distillation ; car alors ces dernières, ainsi que beaucoup d'autres produits, pourraient être utilisées admirablement bien par l'industrie, comme matière première de la distillation, ce qui aurait des conséquences incalculables par suite de l'accroissement indubitable de la production et de l'abaissement proportionnel des prix.

Le Conseil de l'Agriculture Allemand a aussi résolu pour cela, dans sa séance de 1873, de proposer aux gouvernements un changement d'impôt pour la fabrication des alcools et de baser l'assiette de l'impôt sur le produit achevé.

III

BETTERAVE A SUCRE — SUGAR BEET —
COMME PLANTE INDUSTRIELLE

—

I. — Remarques générales.

Nous avons dit dans ce qui précède que la Betterave est le plus important des produits agricoles de la zone tempérée ; mais de toutes les espèces de Betteraves, la Betterave à sucre doit surtout attirer notre attention.

Nous avons démontré précédemment qu'elle se prête admirablement bien à tous les autres usages pour lesquels on emploie aussi d'autres espèces de Betteraves (Mangold, Betterave-Turnips). Mais elle est devenue un produit tout spécial et d'une signification la plus éminente pour toute l'Europe, je dirai plus, pour toute la Terre.

Comment serait-il possible de diminuer l'esclavage dans les régions tropiques, de le faire disparaître même, si au lieu des esclaves, des millions d'ouvriers européens libres ne s'occupaient en Europe de la culture de la Betterave, et de l'extraction du sucre qu'elle contient.

Que de milliers d'hommes seraient encore courbés sous le poids de ce travail pénible de la culture de la Canne à sucre si l'Europe n'était venue au secours de ces malheureux en produisant annuellement des millions de quintaux de sucre de Betteraves !

On a fait à l'industrie sucrière le reproche d'avoir produit des esclaves de couleur blanche à la place des esclaves nègres. Mais ceux qui tiennent ce langage connaissent peu les relations de l'industrie sucrière ; elle est devenue plutôt une bénédiction pour la classe ouvrière, pour chaque travailleur, pour chaque agriculteur, pour chaque homme intelligent, même pour les plus grands États de l'Europe. La culture de la Betterave et l'industrie sucrière qui en dérive, sont appelées, de préférence à toutes les autres, à devenir l'appui de tous les gouvernements et de toutes les nations.

L'hiver, autrefois l'effroi des classes ouvrières de la zone tempérée, est attendu maintenant avec impatience. Les fabriques de sucre offrent maintenant, dans des pièces chauffées, agréables, éclairées, une occupation durable, lucrative aux ouvriers qui auparavant étaient sans pain, exposés au froid et à la famine ; car quiconque connaît la fabrication du sucre actuelle n'oserait plus prétendre que le travail en soit malsain.

Toute industrie, en dehors de celle-ci, est bien plus nuisible à la santé de l'ouvrier que l'industrie sucrière.

Quand autrefois un pauvre père de famille, qui avait gagné son pain à la sueur de son front pendant l'été, était assis dans les jours froids de l'hiver, derrière les carreaux de sa fenêtre ternie par la fumée de la cheminée et de la lampe, quand il laissait ses enfants dans le lit, c'est-à-dire sur une paillasse recouverte de vieux chiffons, pour les préserver du froid et les empêcher de claquer des dents ; quand il regardait au dehors, la tourmente sombre de l'hiver, et quand il restait à peine un peu de pain sec et d'eau de Chicorée ; quand alors les enfants lui criaient : Père nous avons faim ! Quand il en était ainsi, disons-nous, était-il étonnant si cette pensée et cette question se présentaient parfois au père : *Où prendre sans voler ?*

Si quelqu'un s'imaginait que nous exagérons le tableau, qu'il se rende encore de nos jours, en hiver, dans les forêts de la Thuringe, dans le Eichfeld, ou dans les contrées habi-

tées par les tisserands, et il trouvera que nous restons
encore au-dessous de la vérité (*).

Or, c'est la culture de la Betterave et les industries produites par elle qui ont mis fin à une grande partie de cette
misère en Allemagne et dans les autres pays.

On serait même tenté de dire qu'il n'y a plus aujourd'hui
de gens pauvres que là où il n'est pas possible de cultiver la
Betterave. Cette vérité s'est par le fait complètement
vérifiée, car c'est de ces contrées montagneuses et de celles
si arides de l'Allemagne orientale que les gens émigrent
annuellement dans les contrées fertiles, dans les plaines de
l'Allemagne du Nord où fleurissent la culture de la Betterave et l'industrie sucrière.

Si les gouvernements avaient pu prévoir que l'Europe,
ou la zone tempérée, est appelée à devenir le plus grand
pays sucrier, ils n'auraient pas eu lieu de favoriser l'émi-
gration en Amérique et en Australie; tous les émigrés
trouveraient ici leur pain quotidien en abondance, et il est
certain qu'avec l'accroissement continuel de la population
la culture de la Betterave et la fabrication du sucre qu'on
en tire doit grandir et qu'elle grandira.

Que si on demande à un paysan, qui voit la nécessité de
faire plus de Betteraves pour sauver ses intérêts, pourquoi
il ne le fait pas, il vous répondra le plus simplement du
monde : Je n'ai pas assez de bras et je ne sais pas comment
me procurer des ouvriers.

Nous pensons avoir suffisamment démontré par ce qui précède que le prétendu asservissement de l'ouvrier européen
par la Betterave n'est pas un argument sérieux, et nous
nous arrêtons afin de ne pas ennuyer le lecteur.

Il nous reste à prouver maintenant la seconde partie de
notre proposition, à savoir que la culture de la Betterave
et l'industrie sucrière qui en résulte sont une véritable

(*) Cfr. Concordia, n° 159 (1885): « Trautenauer Arbeits verhaeltnisse »,
von Dr J. Singer.

bénédiction pour beaucoup d'artisans et d'industriels. Elle occupe d'une façon directe : serruriers, forgerons, constructeurs de machines, ingénieurs, opticiens, mécaniciens, tonneliers, cordiers, bourreliers, charrons, tisserands, fabricants de matières textiles, chiffonniers vendant les os, fabricants de noir animal, maçons, marchands et agents, chemins de fer, mines et établissements métallurgiques de toute sorte et les ouvriers qui travaillent pour ces établissements. Oui, si nous voulions continuer d'énumérer tous ceux qui vivent de la Betterave et du sucre, nous devrions les prendre presque tous, vu qu'il n'y a pas une autre industrie qui mette en mouvement autant de bras et qui répande ses bienfaits sur de si nombreuses ramifications d'un travail lucratif.

Nous avons dit que l'industrie sucrière de la Betterave est un appui pour l'Etat et le trône; ici même nous pouvons faire la preuve de notre dire.

Si ce que nous avons dit plus haut est vrai, c'est-à-dire si les millions de marcs, qui allaient autrefois dans les colonies sont employés dans le pays à la production des Betteraves à sucre, et qu'ils passent par là à la classe ouvrière, les suites en seront certainement les suivantes, à savoir : les classes qui souvent par manque de pain deviennent la proie de la démagogie auront de quoi vivre et conserveront ainsi en elles le respect de la propriété d'autrui; car quiconque prospère est conservateur, afin de ne pas perdre ce qu'il a; il n'aspire pas à voir un Etat sans tête et les inconvénients et embarras qui en sont la suite; il aime de tout son cœur son Souverain, parce qu'il a lui-même par la grâce de Dieu une situation satisfaisante.

La Betterave et l'industrie sucrière sont de plus l'appui des États. Si nos prémisses sont justes et que cette industrie produise vraiment un haut bénéfice dans la plupart des classes populaires, la richesse et les ressources imposables d'un pays suivent une marche parallèle, comme le prouvent complètement les nouvelles statistiques. Si le peuple gagne davantage il augmente sa culture intellectuelle; et comme

nous ne sommes pas précisément de ceux qui disent que la
science doit rétrograder, et que contrairement à l'opinion
de Leo nous ne voyons pas de mal à ce que les ouvriers
aient du savon, un peigne et du linge blanc ; nous préten-
dons que c'est un appui pour l'Etat, si une industrie, en
répandant l'aisance, relève aussi le niveau intellectuel. Que
si l'on doute plus ou moins de nos arguments, l'on ne dou-
tera pas du moins de l'appui direct que cette industrie
prête à l'État, à savoir les ressources imposables, l'impôt
direct que l'État en reçoit. Nous reviendrons plus loin sur
ce sujet ; disons ici seulement que les petits districts de
l'Allemagne, dans lesquels on a l'industrie de la Betterave à
sucre, livrent actuellement au fisc allemand 100,000,000 de
marcs par an comme impôt sur le sucre de Betteraves.
Quelle est donc l'autre industrie qui puisse montrer un
pareil impôt et devenir par là le soutien de l'Etat ?

Quant à nous nous ne pouvons nous empêcher de donner
plus de valeur à l'appui indirect, indiqué ci-dessus, qu'à
tous ces millions.

Après avoir ainsi exposé en général l'importance de la
Betterave et de l'industrie sucrière, nous revenons à la pratique. Avant d'entrer dans les détails sur la culture de la
Betterave, nous traiterons en peu de mots de l'histoire de
sa culture.

II. — Histoire de la Betterave à sucre et de son industrie sucrière.

La Rave, notamment la Betterave, était déjà connue dans
l'antiquité la plus reculée ; mais nous ne saurions dire si on
en connaissait plusieurs variétés, car les renseignements
des anciens écrivains Romains, ne nous fournissent là-dessus aucune donnée.

Ce qu'il y a de certain, c'est que les rivages de la Méditerranée furent la patrie d'origine de cette plante si précieuse
pour nous ; voilà pourquoi on peut prétendre que les races

primitives de la Betterave ont été connues des Romains, qui occupaient sur toutes les côtes de la Méditerranée.

Pline le Jeune n'en fait mention que comme d'une plante riche en sucre, on est par là en droit de penser qu'on l'employait comme nourriture de l'homme ; et comme on ne pouvait pas si exactement déterminer alors la quantité du sucre qu'elle contenait avec le seul saccharomètre connu à cette époque, c'est-à-dire avec la langue, on préférait alors, comme on le fait encore pour la cuisine aujourd'hui, les Betteraves colorées aux Betteraves blanches. De nos jours encore on emploie une quantité de Raves rouges comme nourriture pour l'homme, soit comme salade ou confites dans du sucre et du vinaigre ; et de même que l'Allemagne est redevable d'une bonne partie de sa culture et de l'introduction de maintes plantes aux guerres et aux expéditions contre les Romains faites en Italie, ainsi au Moyen Age elle doit l'être vraisemblablement de l'introduction de la Betterave et de la Betterave sucrière.

Nous sommes sans nouvelles précises de sa première apparition; mais nous supposons qu'elle servit d'abord presque exclusivement à l'usage de l'homme et très peu comme fourrage pour les bestiaux, vu que ce n'est qu'au xviiie siècle qu'on introduisit l'affouragement des ruminants, et que cet affouragement n'est devenu général qu'au xixe siècle. Après que les alchimistes, faiseurs d'or et charlatans au xviiie siècle eurent dû céder la place à des chimistes vraiment savants, nous trouvons le premier traité scientifique d'une Betterave écrit par un chimiste allemand, Marggraff, de Berlin, lequel trouva et démontra, au milieu du siècle dernier, le sucre cristallisable dans la Betterave. Mais personne ne soupçonnait alors que ce sucre dans la Betterave rendrait un jour de si importants services à l'agriculture et à l'industrie comme il le fait maintenant. Nulle autre plante n'aurait été en état, comme celle-ci, de relever si puissamment l'agriculture, car ce n'est que par un travail intelligent et élevé du sol que la prospérité et la richesse accompagnent sa culture.

A la fin du siècle dernier, le chimiste et naturaliste Achard, estimant à sa juste valeur l'importance de la découverte du sucre dans la Betterave, poursuivit ses recherches dans ce sens et construisit la première fabrique pour extraire le sucre dans sa propriété de la basse Silésie. C'est à lui qu'appartient l'honneur d'avoir montré le premier le sucre cristallin tiré de la Betterave au moyen d'une fabrique. Le premier fabricant de sucre est donc un Allemand. Toutefois les travaux de ce savant et intelligent travailleur auraient été inutiles et auraient disparu sans laisser de traces, vu que les frais dépassaient de beaucoup la valeur du produit, si au commencement de ce siècle Napoléon Ier n'eût ordonné le blocus continental pour anéantir le commerce anglais, et si ce blocus n'eût été en quelque sorte mis en vigueur. Alors le sucre devint un article de luxe tellement cher que la livre coûtait 3 marcs et plus. Au lieu de café, qui devint également très cher, le public s'habitua à la chicorée dont nous avons parlé plus haut. Le mot d'ordre fut alors : *Faire du sucre*, car on ne voulait pas prendre sans sucre le café, les chicorées et le thé venus de la Russie.

La découverte de Marggraff et les travaux d'Achard fournissaient le principal moyen de parer au manque de sucre.

On s'adonna avec zèle à cette industrie nouvelle, et çà et là, où le sol était propice et où les gens avaient des fonds pour cette entreprise toujours coûteuse, s'élevèrent des fabriques pour retirer de la Betterave le sucre cristallin, par exemple, en Saxe, à Alt-Haldensleben ; en Silésie, à Krain et à Gunern ; en Bohème, à Königsaal ; mais surtout en France et en Belgique.

En France, ces fabriques furent particulièrement protégées par Napoléon Ier et comme le produit obtenu se vendait à un prix passablement élevé, ces établissements donnaient alors presque tous de bons bénéfices malgré un rendement minime de 2 à 3 pour cent en sucre, sur le poids de la Betterave.

C'est ainsi que la Betterave sortit de sa position insignifiante jusque-là ; on lui accorda le rang qui lui revenait et on la classa parmi les plantes les plus importantes de la zone tempérée.

Le grand Napoléon n'avait probablement pas pensé, en ordonnant la ruine de la nation anglaise, rendre au continent un service si signalé ; il n'avait pas cru anéantir le monopole sur le sucre des deux Indes et lui créer un concurrent de même condition.

Après la levée du blocus continental et la chute de Napoléon, le commerce et l'industrie commencèrent à fleurir de nouveau dans les colonies. Le sucre de l'Inde, introduit de nouveau en grande quantité devint meilleur marché et prit de nouveau son prix anormal qu'il avait avant la guerre ; ainsi l'industrie sucrière de la Betterave, qui avait pris un nouvel essor, souffrit d'une concurrence contre laquelle elle ne pouvait pas lutter. La chimie, la technologie, la mécanique, eurent beau venir à son secours, le rendement en sucre était toujours si minime que les pauvres fabricants, au lieu de retirer du profit de leur travail et de leur peine, devaient faire des pertes sensibles. Ainsi ces usines périclitèrent.

L'agriculture, encore en retard, n'était pas non plus à même de fournir des Betteraves de qualité supérieure. Le saccharomètre n'était pas encore inventé, et on pouvait à peine distinguer la bonne matière première de celle qui ne l'était pas. Cependant, une fois découvert, le chemin pour arriver à faire du sucre était trop doux pour qu'on pût s'en éloigner si facilement. Ce qui était trop cher et impraticable en grand fut assidûment travaillé dans le laboratoire, et là, les chimistes de l'Allemagne et de la France acquièrent la certitude que de Betteraves blanches bien cultivées, on pouvait retirer de 6 à 9 pour cent de sucre blanc cristallisé.

Ce fait donna de nouveau un calcul profitable. Dans l'intervalle on mit un impôt douanier considérable sur les sucres étrangers, et cet impôt protecteur donnait, déjà après 1840, environ 6 millions de thalers ou Zollverein allemand. Les

résultats obtenus dans les laboratoires donnaient un bon
espoir pour la fabrication du sucre de Betterave sur une
grande échelle, vu que les gouvernements, afin d'acclimater
cette industrie dans l'intérêt de leurs pays, n'imposèrent la
Betterave que de 3 centimes par quintal. Alors la vie revint
en Allemagne, dans les champs et dans les fabriques, et là
où on se mit à travailler avec intelligence, la fabrication du
sucre devint bientôt une occupation lucrative.

Ainsi donc la fabrication du sucre, quoique entravée
encore par de grandes imperfections, devint de nouveau une
affaire d'un rendement excellent.

Dans la troisième décade de ce siècle, beaucoup d'établissements commencèrent à travailler dans la province de
Saxe, pays des plus favorisés de la nature pour l'industrie
de la Betterave et du sucre ; les débuts furent néanmoins
peu favorables, parce qu'on manquait de savants, de
chimistes et de praticiens expérimentés.

En 1834 parurent à Quedlinbourg trois hommes, Zier,
Hanewald et Arnoldi qui s'offrirent pour monter des fabriques de sucre avec promesse d'un bon succès. Beaucoup de
personnes entreprenantes se laissèrent prendre à leurs
brillantes promesses et fondèrent de telles fabriques ; mais
rarement le succès fut favorable, parce qu'on n'avait pas
encore étudié assez à fond les conditions essentielles de la
culture de la Betterave et de la fabrication du sucre. Ainsi
donc disparurent encore une fois plusieurs de ces créations
de Zier et Hanewald après avoir englouti en pure perte des
centaines de milliers de Thalers.

Des industriels allemands entreprirent des voyages en
France où l'industrie était alors florissante, et peu de
temps après ils arrivèrent par un travail assidu à mieux
faire que l'étranger.

Parmi les champions de l'industrie sucrière, nous devons
nommer respectueusement au premier rang un homme
qu'on a souvent méconnu : c'est le chimiste François
Schatten. Il fut d'abord associé avec Wrede à Halberstadt,
ensuite avec Weihe à Wegleben, et enfin avec Schreiber à

Heringen. C'est lui qui construisit le premier saccharomètre (instrument pour mesurer le sucre) lequel il est vrai est surpassé maintenant par d'autres instruments. Le principe de cet appareil reposait sur la formation d'un saccharate de chaux et la détermination de la quantité de ce sucre par le titrage avec de l'acide. Il construisit de plus le premier appareil pour analyser du noir animal afin d'en déterminer le contenu calcaire. Son principe de vivification du noir animal et la construction de son four à noir sont encore en usage aujourd'hui et témoignent en faveur de la puissance de cet homme comme penseur et comme praticien. L'application de l'acide carbonique au jus de Betteraves est une invention de Schatten ; car bien longtemps avant Rousseau et Kleeberg il en faisait usage dans sa fabrique de sucre ; seulement il fut trop modeste pour la publier. Ce que Rousseau fut en France, Schatten le fut, et encore plus en Allemagne. Et pourtant le mérite de cet homme fut méconnu ; il quitta bientôt sa fabrique pour rentrer dans la vie privée, et vécut heureux au sein de sa famille, à Cobourg, pendant les dernières années de sa vie jusqu'à sa mort, arrivée il y a déjà longtemps. Son nom restera cher à tous les anciens fabricants de sucre et son souvenir ne mourra pas.

Dans la province de Saxe, surtout dans la contrée de Magdebourg et de Halberstadt, de même que dans le Brunswick et le duché d'Anhalt les plus intelligents d'entre les agriculteurs se consacrèrent à la culture de la Betterave et à l'industrie sucrière, et la fabrication du sucre, basée sur la culture de la Betterave, prit bientôt un essor rapide et florissant.

De l'Allemagne, la Betterave et l'industrie sucrière se répandirent en Russie et en Autriche, et bien que les personnes qui introduisirent l'industrie dans ce pays fussent en partie des aventuriers, les fabricants mirent cependant à profit les expériences faites en France, en Belgique et en Allemagne, et par suite, cette industrie put grandir avec plus de sûreté.

Le climat et le sol qui conviennent le mieux à l'industrie de la Betterave sont le Nord de la France, la Belgique, la province de Saxe, le Brunswick et le duché d'Auhalt ; aussi ces pays peuvent-ils fournir un meilleur rendement.

La fabrication du sucre, et par suite, la culture de la Betterave à sucre, a pris récemment en Allemagne et dans les autres pays une grande extension, ainsi que le prouvent les statistique que nous donnons plus loin ; oui, cette indusdrie noble, bénie et bienfaisante a pris maintenant des dimensions colossales.

Pendant quelque temps, on n'accorda presque aucune attention à la qualité de la Betterave. On ne faisait que s'enfoncer dans le côté technique de l'idustrie, sans donner à la Betterave la considération qu'elle mérite.

La demande des Betteraves augmentant tous les jours, et les premières fabriques produisant de bons intérêts, on commença, surtout en France et en Belgique, à négliger le côté de la qualité en travaillant, comme Betterave à sucre, toutes Betteraves, mêmes qui étaient jaunes, rouges et foncées. Pendant longtemps également on n'avait accordé à l'élevage de la graine de Betterave que peu d'attention. En Allemagne même, surtout dans les villes qui s'adonnaient à la culture de la graine dans le Harz, on avait cultivé très près les unes des autres, les semences de Betteraves à sucre et celles de Betteraves à fourrage, en partie parce qu'on ne connaissait pas l'extrême facilité de l'abâtardissement des différentes sortes de Betteraves ; en partie par négligence, on en était ainsi arrivé au point qu'on pouvait trouver dans le même champ et très rapprochées, les Betteraves les plus diverses en couleur et formes de feuilles et de racines jusqu'à ce que les impôts devenant toujours plus onéreux, et surtout le mode d'impôt qui consiste à prélever tant par quintal sur la matière première des Betteraves, firent enfin réfléchir les fabricants de sucre et les amenèrent à donner plus d'attention à la matière imposée, à la Betterave. Il s'agissait, en effet, d'augmenter autant que possible la quantité de sucre contenue dans un quintal de Betteraves, ce qui est possible par un élevage intelligent et ce qui est arrivé par le fait.

Schatten, à Wegeleben, Fritz Wrede, à Halberstadt et Rimpau, à Schlanstedt firent d'abord remarquer aux agriculteurs que les terrains noirs, marécageux, riches en terre végétale ou par trop argileux ne produisent aucune Betterave qui puisse être d'une utilité quelconque à la fabrication du sucre. Ils indiquèrent exactement, dans leurs publications sur la culture de la Betterave, les champs où on peut cultiver ces plantes avec profit. Beaucoup de fabricants ont suivi leurs conseils et exclu la Betterave des terrains en contre bas, riches en terre végétale, mais marécageux et argileux.

III. — Espèces différentes de la Betterave à sucre.

Dans la quatrième décade de ce siècle, alors que l'industrie sucrière et avec elle la culture de la Betterave prirent sur le continent un essor si considérable, nous prîmes vivement à cœur les intérêts de cette plante qui produisit une révolution dans l'agriculture.

Depuis que nous voyions cultiver la Betterave à sucre et que nous en cultivions nous-même, nous remarquâmes qu'il y a parmi elles plusieurs espèces, lesquelles se distinguent essentiellement les unes des autres par la couleur, les feuilles, la forme des racines, etc.

Lorsque nous nous consacrâmes entièrement à l'industrie sucrière, il y a déjà quarante ans, nous ne tardâmes pas à reconnaître que pour prospérer il ne suffit pas de travailler et de se donner de la peine dans la fabrique, mais qu'il faut de plus une bonne matière première. Ainsi notre attention se reporta toujours de nouveau sur la Betterave, et nous découvrîmes peu à peu les fautes commises.

Au moyen du saccharomètre de Schatten d'abord, et plus tard au moyen de l'appareil de polarisation nous reconnûmes par des expériences cent fois répétées que diverses betteraves cultivées dans divers champs ont un contenu de sucre différent. Nous pensions que cela provenait du terrain sur lequel elles avaient grandi, et croyions que l'insuccès de tant de fabriques devait être attribué uniquement à un sol peu propice à la culture de la Betterave. Ni nous, ni nos collègues, en effet, n'avions pas le moindre pressentiment que la différence de race de la betterave jouât un rôle si essentiel et pût diminuer les profits d'une fabrique. Toutefois nous ne tardâmes pas à faire cette découverte.

En examinant les travaux dans les champs de Betteraves pendant l'été nous remarquâmes, en effet, que les plantes se distinguaient les unes des autres d'une manière caractéristique et même tout à fait essentielle.

Les unes se développaient plus tôt, les autres plus tard ; celles-ci devenaient grosses, très grosses, tandis que celles-là, les distances étant les mêmes, restaient petites. Plusieurs avaient dans les feuilles, une forme différente ; la forme de la racine était également des plus diverses : longue, pivotante, ou bien aussi courte, grosse. Il y avait des feuilles et des tiges vert clair, vert foncé, même liserées de rouge et à bordures rouge, en sorte que d'après ces différences frappantes nous ne tardâmes pas à remarquer que, parmi ces Betteraves, il y en avait plusieurs qui pouvaient être peu propres à la fabrication du sucre.

Jusque-là on avait fait de longs récits fabuleux au sujet de la Betterave en forme d'assiette cultivée en France, en Saxe, à Quedlinbourg et en Sibérie ; un marchand de graines recommandait la semence jaune, un autre la semence blanche, un troisième la semence rose, et personne ne savait pourquoi il achetait cette sorte-ci plutôt que celle-là.

La plupart des semences de Betterave étaient élevées si négligemment que dans chaque sac on trouvait des centaines de races abâtardies. A cette époque les horticulteurs s'étaient emparés de l'élevage et de la vente de la graine de Betteraves comme d'un article de commerce lucratif, et tout ce qui ressemblait à une Betterave à sucre, ils l'employaient sans hésiter à la production. De cette manière les races primitives qui possédaient les qualités bonnes et constantes avaient presque complètement disparu des champs de culture, et à leur place on vit surgir un mélange de toutes les sortes de Betteraves connues.

Par une étude suivie et pratique de ce sujet, nous acquîmes enfin la conviction qu'il y a cinq espèces principales de Betteraves et que toutes les autres variétées ne sont que des races abâtardies devant leur origine en partie au hasard, en partie à la négligence, et ayant complètement perdu leur caractère primitif par des croisements cent fois répétés. Nous remarquâmes à n'en point douter que tous les fabricants de sucre du continent travaillaient principalement avec les quatre espèces connues et avec les moins bonnes et leurs produits abâtardis ; que la cinquième race, baptisée du nom de *Betterave Impériale* par nous, était bien plus rare et ne se trouvait encore que çà et là en exemplaires remarquables. Vu donc que c'était la meilleure de toutes les Betteraves connues jusqu'alors, nous la choisîmes pour faire souche à une nouvelle race. En 1854, nous fîmes connaître nos observations et nos résultats dans une brochure intitulée : *La Betterave impériale et l'utilité de sa culture pour les fabricants de sucre.* Depuis lors l'intérêt public s'est retourné de plus en plus vers un élevage pur, noble de la semence de la Betterave, et en plusieurs points on a obtenu des résultats très satisfaisants par rapport à une race constante.

Nous donnons ici la description de ces cinq races principales de Betteraves ; nous leur donnâmes les noms de :

1° Betterave belge (petites feuilles.)

2° Betterave de Quedlinbourg (légèrement rose)

3° Betterave de Sibérie (en forme de poire avec feuilles élancées.)

4° Betterave de Sibérie (soi-disant en forme d'assiette.)

5° Betterave impériale (avec feuilles crispées et ondulées.)

Chaque cultivateur peut les rechercher dans ses champs de Betteraves si toutefois il est encore possible de les découvrir et si leur type n'a pas complètement disparu. Ce qui est regrettable, c'est que des fabricants de sucre, bien

capables d'ailleurs, aient ignoré ou mis complètement en
doute, récemment encore, la différence des races de Betteraves à sucre. Chaque champ de Betteraves prouve il est vrai
combien peu ces personnes regardent autour d'elles ; mais
ce jugement si souvent exprimé par elles induit cependant
en erreur une grande partie du public qui cultive la Betterave et le détourne d'une chose si importante. Faisons
remarquer toutefois à l'honneur de la plupart des industriels
que, dans ces derniers temps, on accorde à la matière
première l'attention qu'elle mérite et que l'on recherche
avec avantage les races nouvelles dont nous parlerons plus
loin.

En dehors de nous, un homme s'est encore occupé de
l'amélioration de la Betterave. C'est le célèbre grainetier
Louis Vilmorin, de Paris, mort déjà depuis longtemps.

Malheureusement sa méthode ne faisait aucune place aux
différences de races et elle ne se basait que sur l'élévation
du contenu en sucre d'une Betterave prise isolément, ayant
un faible pour la doctrine de la puissance individuelle,
Vilmorin ne pratiquait que la culture des individus ; aussi
trouvâmes-nous dans sa semence améliorée différentes
sortes de Betteraves, ce qui nous fit hésiter de la reproduire
en Allemage. Toutefois les meilleures sortes de Vilmorin
méritent d'être estimées également pour être cultivées avec
profit. Nous parlerons de sa méthode en traitant de l'élevage
de la semence, et nous avons déjà appliqué ce qu'elle a de
bon par notre élevage de la race.

Si nous considérons que la différence de race de la
Betterave à sucre est si grande que, des races diverses, sur
un sol parfaitement égal et cultivées dans les mêmes conditions, donnent une différence de 1 à 4 pour cent en sucre, il
est bien clair que nous devons accorder une plus grande
importance que par le passé à la meilleure espèce c'est-à-
dire à la plus riche en sucre.

Si par conséquent une Betterave, de Silésie par exemple,
cultivée dans les mêmes circonstances, donne en sucre 1 1/2
pour cent de moins qu'une véritable Betterave impériale

blanche, il en résultera ce qui suit : cette dernière, dans une récolte de 100,000 quintaux, donnera environ 1,500 quintaux de plus en sucre, ce qui, à 30 francs les 50 kilos, produit un revenu en plus de 45,000 francs sans plus de dépenses sensibles. Ce résultat est assez important et mérite qu'on fasse remarquer aux fabricants de sucre et aux cultivateurs de Betteraves si fortement éprouvés que, parmi les Betteraves, il y en a de pauvres et de riches en sucre. Nous devons faire observer en même temps que la meilleure race pour une contrée n'est pas toujours la meilleure pour une autre, et que les conditions climatériques, comme celles du sol, contribuent puissamment au succès bon ou mauvais de l'une ou de l'autre sorte de Betteraves à sucre. Mais toujours une bonne race, élevée pure et sans mélange, donnera un bon résultat.

C'est donc un fait acquis que différentes races de Betteraves, cultivées dans les mêmes conditions, donnent des résultats divers non seulement en quantité, mais même en qualité ; en sorte que, malgré la production d'une quantité plus grande, le revenu est bien moindre si la race est inférieure en qualité qu'il ne l'est si la race est meilleure, mais un peu inférieure en quantité.

Pour démontrer ce que nous avançons, nous donnons ici quelques résultats de notre propre expérience. D'expériences plusieurs fois répétées, il en résulta en moyenne ce qui suit :

1° La Betterave française donna 145 quintaux par arpent sur seconde fumure.

2° La Betterave de Quedlinbourg donna 140 quintaux par arpent sur seconde fumure.

3° La Betterave de Silésie donna 160 quintaux par arpent sur seconde fumure.

4° La Betterave de Sibérie donna 170 quintaux par arpent sur seconde fumure.

5° La Betterave impériale donna 150 quintaux par arpent sur seconde fumure.

Tels sont en moyenne les résultats de différentes expériences répétées et faites sur nos propres terres. Dans les trois premières éditions allemandes de ce livre, nous avions donné des calculs synoptiques touchant la valeur des cinq espèces de Betteraves à sucre par rapport à la fabrication ; nous les supprimons maintenant parce que ces chiffres, alors absolument justes, ne le sont plus que d'une manière relative.

De toutes ces expériences il résulte clairement que les races à feuilles crispées et ondulées cultivées et recommandées par nous depuis cette époque, méritent de beaucoup la préférence sur les autres races par rapport à la fabrication ; de sorte que nous ne pouvons qu'approuver les fabricants de sucre, quand nous voyons la plupart et les plus intelligents d'entre eux ne plus acheter presque que la semence de la Betterave impériale et celle de ses rejetons améliorés ; nous ne voulons donner ici que quelques-uns des motifs qui sont cause que cette espèce de Betterave n'a pas encore été adoptée partout pour les terrains de haute culture ; nous parlerons plus tard de la Betterave électorale également introduite par nous.

On a déjà commis beaucoup de fraudes avec ce nom de Betterave à sucre impériale, et on baptise encore ainsi beaucoup de graines dont la paternité est inconnue. Tout d'abord tous les marchands de graines et fabricants de sucre riaient de notre dénonciation ; mais lorsque l'excellence de cette race fut démontrée, alors tous les marchands s'empressèrent de mettre dans leurs catalogues, et à des prix très élevés, la semence impériale. Ainsi fut trompé plus d'un fabricant et il a fallu pas mal de temps pour que cette espèce remportât une victoire générale. Demandez à beaucoup de marchands de graines ce qu'ils entendent sous le nom de Betterave impériale, il vous répondront parfois naïvement : *c'est la vraie semence des Betteraves à sucre que nous cultivons nous-mêmes et que nous garantissons complètement.* Parlez-leur de la connaissance des races ou de leurs différences les plus essentielles. Ils en ignorent le premier mot.

Nous passons maintenant à la description des variétés et

races de la Betterave. C'est à juste titre, croyons-nous, que nous passerons sous silence une série de formes anciennes dont la semence a presque entièrement disparu du commerce et que les marchands offrent bien encore de nom, mais non par le fait.

Des cinq variétés principales déjà mentionnées, la cinquième, la *Betterave Impériale*, comprend les races les plus importantes et les plus cultivées actuellement; aussi, croyons-nous devoir commencer par elle.

Fig. 17

La *Betterave Impériale* a une racine pivotante, élancée, en forme de cône; allongée, restant tout en terre, ses feuilles en sont frisées et ondulées et s'élèvent peu au-dessus du sol. Son collet est petit, la racine blanche avec l'épiderme un peu rugueux, côtelé, et la chair ferme. Les tiges des feuilles, surtout à maturité complète, sont la plupart un peu rouges vers le cœur de la plante.

La figure ci-contre *(Fig. 17)* donne une forme passablement exacte de la Betterave Impériale. Pendant longtemps elle a été *la plus riche en sucre parmi toutes les Betteraves connues dans le monde,* jusqu'à ce qu'elle ait été surpassée enfin par ses propres descendants, par la Betterave Impériale *améliorée de Knauer,* par celle de Klein-Wanzlelen, ainsi que par une variété de Vilmorin, la *Blanche améliorée,* lesquelles l'emportent pour certains terrains et certaines contrées. Ce qui la caractérise principalement c'est la feuille qui est frisée, ondulée sur les bords, recourbée en forme de cuiller par le haut, ainsi que le pivot élancé, gardant bien sa grosseur sur sa longueur, beau et pas trop petit. Dans la plus récente amélioration de cette race, les feuilles ne sont pas si frisées, mais la Betterave est un peu plus forte et plus grande. Ce n'est que par un élevage poursuivi pendant des années consécutives d'une seule et même race qu'il est possible de la rendre constante, et plus d'un fabricant a, sans le savoir, conservé ainsi sa race de Betteraves. Ainsi que nous l'avons fait remarquer plus haut, ceux qui se sont acquis de grands mérites par l'élevage de la semence de Betteraves sont, outre Vilmorin, en France; en Allemagne encore Rabbethge et Giesecke, à Klein-Wanzleben. Ces derniers ont, d'après leur rapport, amélioré la Betterave *Impériale de Knauer,* en faisant un triage de toutes les mères d'après le poids spécifique. Celles qui ont un poids spécifique plus grand, il les prennent pour élever la semence et de cette manière ils ont créé la Betterave de Klein-Wanzleben. Depuis quelques années, la maison de Dippe frères, à Quedlinbourg, pratique cette méthode d'amélioration d'après la richesse en sucre de la Betterave. Elle améliore de cette manière la Betterave de Klein-Wanzleben, sans élevage de race, d'après la doctrine de la puissance individuelle. En vue de cette concurrence, nous ne nous sommes pas croisé les bras et nous avons récemment fondé deux nouvelles races, dont nous donnons ici la description et la figure.

La Betterave Impériale, reconnue jusque-là comme la meilleure Betterave à sucre, avait cependant, malgré sa richesse en sucre, quelques inconvénients pour certains terrains. Dans les terrains fertiles de la plaine de Magdebourg et de Brunswick, de même que dans la province Rhénane, où on trouve un sol profond très bien cultivé, elle prospère par exemple à merveille et donne de beaux rendements en quantité et en qualité; mais sur les montagnes glaiseuses d'Oderbruch, ainsi que sur les terrains d'argile de la Bohème et de la Moravie, sur les collines calcaires et marnaires de la Hongrie, de la Pologne, du nord de la France, son rendement était un peu faible, malgré la richesse en sucre.

En 1860, nous entreprîmes donc de fonder pour ces contrées et en général pour les terrains dits peu propres aux Betteraves, une race de Betterave plus volumineuse et pourtant très riche en sucre.

Les matériaux nous furent fournis par une excellente sorte de Betterave prise au département du Nord, en France. Après que cette race eût été soumise à un élevage sévère pendant une série d'années, pendant lesquelles on éliminait continuellement les mauvais exemplaires, il en sortit une race remarquable, que nous baptisâmes du nom de *Betterave électorale*, et qui acquit bientôt une très bonne réputation dans les champs de tous les pays peu favorables à la culture de la Betterave. Même sur un sol peu végétal et moins fertile, elle donne de bons rendements, et dépasse toutes les espèces connues jusqu'ici. Sa quantité en sucre est si satisfaisante que, si on multiplie la quantité par la qualité, on a un résultat entièrement digne

d'attention. Cette Betterave *(Fig. 18)* deviendrait selon toute
apparence la Betterave de l'avenir pour toute l'industrie
sucrière, si le gouvernement allemand était forcé par les
circonstances de changer le mode actuel d'impôts et d'introduire, à la place de l'impôt sur la Betterave, l'impôt sur la
fabrication ou la consommation.

Mais, même pour les terrains excellents, nous poussâmes
plus loin l'élevage de la Betterave Impériale, au moyen de

Electoral

Fig. 18

la sélection, et après que nous eûmes réussi à l'égaliser suffisamment, soit pour la quantité, soit pour la qualité, nous lui donnâmes le nom de *Betterave Impériale améliorée de Knauer* et, avec celle de Vilmorin, elle est actuellement, croyons-nous, la Betterave la plus riche en sucre qui existe. *(Fig. 19).*

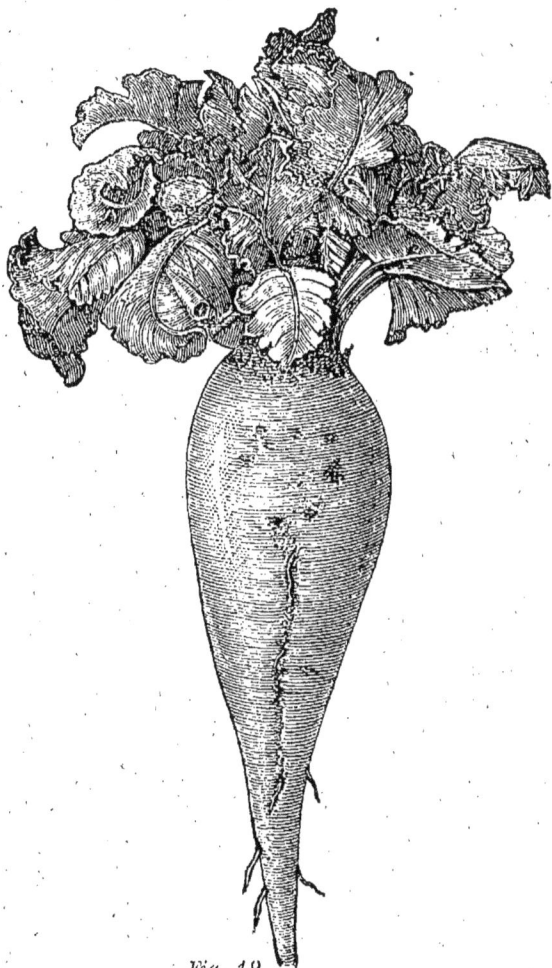

Fig. 19

Comme dans ces derniers temps, les Betteraves couleur
de rose ou seulement avec une teinte rose au collet, trou-
vaient de nombreux amateurs, nous entreprîmes l'amélio-
riation de l'ancienne Betterave de Quedlinbourg à teinte
rose, et nous lui donnâmes le nom de *Betterave Impériale
rose améliorée (Fig. 20)*. Elle est élancée, belle, à moyen

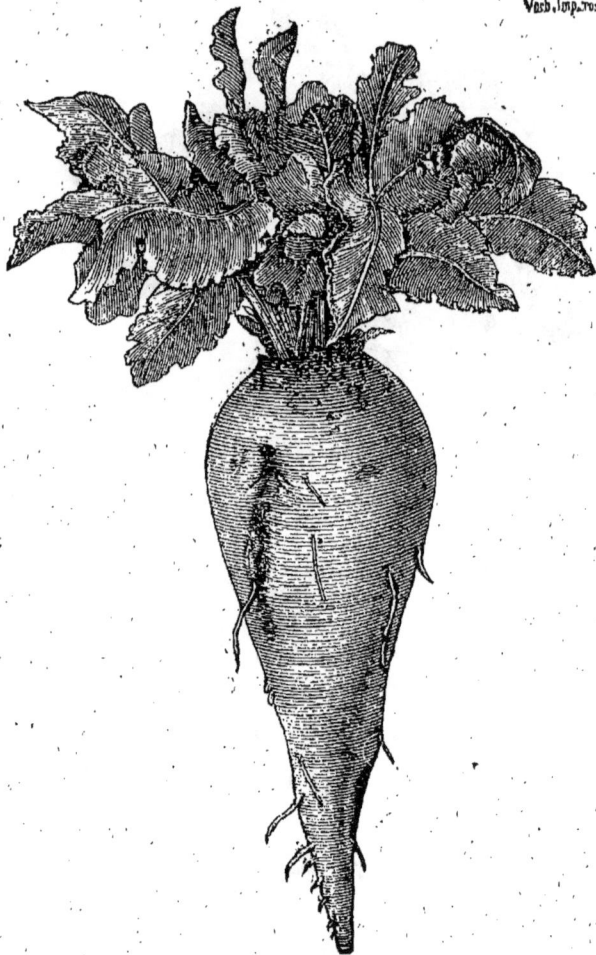

Verb. Imp. rosa.

Fig. 20

collet en terre, et donne sous tous les rapports des rendements satisfaisants.

On s'est élevé autrefois, mais sans motifs, contre toutes les
Betteraves à teinte rose; et par conséquent aussi contre celle
de Quedlinbourg à peau rougeâtre et à feuilles lisérées de
rouge. Pour l'un, elle donnait trop peu de sucre; pour l'autre,
trop de sirop ; un troisième la regardait en général comme
de nulle valeur, comme bâtarde, et pourtant toutes ces personnes n'avaient pas la moindre raison, la plus petite preuve
pour appuyer leur jugement. L'un l'avait entendu dire à
l'autre, et n'avait pas pris la peine d'en faire la preuve.

C'est ainsi qu'une noble variété de Betteraves est bannie
des fabriques de sucre allemandes, et dans tout Quedlinbourg on n'élève plus une seule de ces nobles plantes. On
aurait bien de la peine à la rencontrer aujourd'hui quelque
part dans son type primitif.

Nos expériences et les résultats obtenus nous ont fait
concevoir un tout autre jugement sur cette Betterave. Elle
fait partie sans le moindre doute des bonnes sortes ; sa
taille est élancée, conique; elle a une chair résistante,
tendre, et ce n'est seulement que sur la peau de sa racine,
près du collet, qu'elle a une apparence de couleur rouge.
Le reste de la racine est gris blanc et un peu côtelé;
son jus est très riche en sucre et contient très peu de sels et
de matières azotées, comme la plupart des variétés de Betteraves élevées dans les mêmes conditions. Elle possède encore
une grande qualité spéciale, je veux dire celle de mûrir
cultivée dans les mêmes conditions, quinze jours avant les
autres, ce dont ont pu se convaincre beaucoup de nos
collègues sur leurs champs d'expériences. Cela nous prouve
comment jusqu'ici on a été injuste et superficiel dans la
manière de procéder dans l'élevage de la Betterave à sucre;
sans cela on n'aurait jamais vu s'élever contre cette espèce
de Betteraves une aversion générale. Nous avons sauvé sa
mémoire en lui infusant un autre sang et en la transfor-
mant en cette noble Betterave que nous appelons Betterave
Impériale rose améliorée (v. fig. 20).

Nous donnons à cette place la figure d'une Betterave
Impériale améliorée *(v. fig. 22)*, et avant de terminer ce
chapitre, nous consacrerons un souvenir à une race de
Betterave que nous avons créée nous-même : c'est la *Betterave Mangold (Fig. 21)*. C'est un fait connu que M. Louis

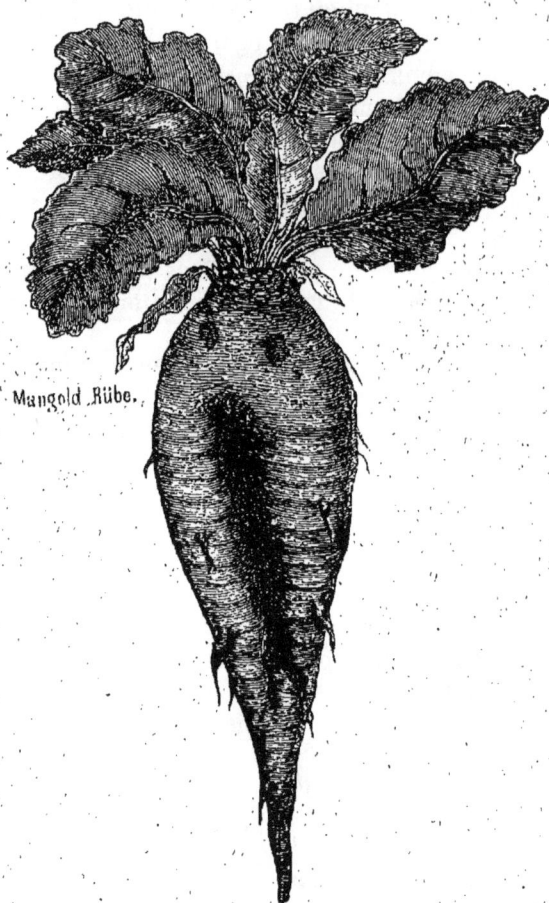

Mangold Rübe.

Fig. 21

Vilmorin, pour créer sa race de Betteraves et pour obtenir
le plus de sucre possible, la refraîchit au moyen d'une
certaine variété de Betterave Mangold ; de sorte que,

dérablement élevé la richesse en sucre de la Betterave
Vilmorin. Quelques éleveurs même sont d'avis que la
Betterave Mangold est la souche de toutes les Betteraves
à sucre. Nous penchons nous-même vers cette opinion, et
par suite nous avons fondé une nouvelle race dans le nom
de *Betterave Mangold*. Après l'avoir croisée avec les Betteraves les plus nobles et en avoir fait une race pure, nous la
mettons dans le commerce ; elle surpassera par sa richesse
en sucre toutes les Betteraves connues jusqu'ici, en sorte
que nous espérons avoir rendu par là un grand service aux
fabricants de sucre de ces pays, où l'impôt est prélevé
d'après le poids de la Betterave.

IV. — Inconvénients de l'abâtardissement des semences.

Afin de montrer les inconvénients de l'abâtardissement
des Betteraves à sucre par des espèces hétérogènes, je
veux donner ici le résultat d'une expérience faite par moi
il y a déjà longtemps.

Je fis planter dans mon jardin, isolée de toute autre culture de Betteraves et bien près l'une de l'autre, deux Betteraves, l'une rouge Corne-de-Bœuf et l'autre blanche : cette
dernière était une Betterave Impériale excellente. Le temps
de la floraison une fois passé, la Betterave rouge fut arra-
chée et jetée. Lorsque la graine de la belle Betterave à
sucre fut mûre, elle fut recueillie et semée seule dans un
petit coin de terre. Les Betteraves qui en sortirent fournissaient un aspect remarquable : Parmi elles, il y en avait de
longues rouge-clair, de longues rouge-foncé qui avaient
grandi au-dessus du sol ; d'autres étaient rouge clair et
foncé et avaient grandi dans la terre dans la forme de la
Betterave à sucre. Il y en avait aussi de blanches avec
teintes de couleur rose et verte ; *en un mot, d'une Betterave
il en était sorti toutes les formes connues de Betteraves;* le
contenu en sucre de ces variétés issues d'une seule Betterave différait de 7 à 17 %. Cet exemple montre suffisam-

ment quel soin on doit donner à l'élevage de la semence de
la Betterave à sucre ; on ne doit jamais cultiver de la
semence des Betteraves nobles dans le voisinage d'autres
Betteraves. Depuis cette époque nous avons fait beaucoup
d'essais de croisement et créé, par croisement, les races
décrites ci-dessus que nous avons rendues constantes par
leur propre propagation. La fécondité de la Betterave à
sucre avec d'autres races et variétés de son espèce se produit très facilement, vu que le moindre vent emporte le
pollen sur les pistils des autres Betteraves.

Cette qualité si importante et si agréable quand on en
peut mesurer la portée ne laisse pas d'être très pernicieuse
pour les cultivateurs de semences dans la contrée de Quedlinbourg et de Aschersleben, où on ne peut s'empêcher de
cultiver des Betteraves fourragères à côté des Betteraves à
sucre. On pourrait aussi démontrer que la fécondation par
l'intermédiaire d'insectes a eu souvent lieu à de grandes
distances, et cela est d'autant plus désagréable que par là
quelquefois, malgré la meilleure volonté et toute la science
possibles, on voit apparaître d'une manière frappante des bâtards jaunes et rouges parmi les Betteraves à sucre blanches.

V. — Elevage de la semence.

D'après ce qui précède, il est facile de reconnaître que
l'élevage de la semence de la Betterave à sucre est une
occupation importante.

Un homme qui jouit d'une grande réputation dans cette
branche, le conseiller d'économie rurale Weghe l'a dit si
souvent, et notre manière de voir est tellement la sienne
que nous empruntons ici ses propres expressions: La fabrication du sucre est dans le champ, l'usine n'est que l'ate-
lier d'extraction. — Et comme ces paroles sont justes ! car
si nous faisons pousser sur nos champs une génération de
Betteraves pauvres en sucre, il n'y aura point de fabricant,
de praticien, si habile qu'il soit, qui puisse extraire beaucoup de sucre de cette pauvre matière première.

Il nous faut donc donner toute notre attention à la création de races de Betteraves riches en sucre, et c'est là surtout que notre activité est le mieux employée.

C'est un fait que des Betteraves de diverses semences qui ont grandi les unes près des autres et dans les mêmes conditions, diffèrent dans leur richesse en sucre jusqu'à 5 pour cent. C'est à peine croyable, mais c'est la vérité ; et comme nous faisons toujours des essais comparatifs à ce sujet dans nos champs, nous avons dû malheureusement nous convaincre tous les ans de cette vérité.

Mais revenons à l'élevage rationnel de la semence et rappelons d'abord qu'on ne doit pas fonder trop d'espoir en la couleur blanche seulement de la racine de la Betterave, car parmi celles qui sont d'une blancheur sans mélange il s'en trouve souvent des exemplaires misérables et qui ne méritent pas de porter le nom de Betteraves à sucre.

Déjà, avant 1860, M. Vilmorin, de Paris, élevait là semence de la Betterave d'une manière très intéressante et d'après une méthode inventée par lui. Cette méthode se trouve décrite en détail dans le *Praktischer Rübenbauer*. Nous nous contentons doncde dire ici que M. Vilmorin, avec un appareil construit par lui exprès pour cela, trouvait le poids spécifique du jus de toute Betterave qu'il destinait à la production de la semence sans l'anéantir. Ainsi il était en état de ne prendre pour cela que des exemplaires très riches en sucre et d'un poids spécifique de 1,050 au moins ; et d'après son dire il était déjà arrivé à obtenir des Betteraves d'un poids spécifique de 1,090, ce qui correspondrait à peu près à une polarisation de 21 %.

Toutefois la méthode Vilmorin avait un inconvénient : toute Betterave riche en sucre, fût-elle rouge, jaune, à racine blanche, courte ou longue, eût-elle des feuilles frisées ou unies, et ces feuilles fussent-elles rouges, jaunes ou vertes, toute Betterave, disons-nous, était prise comme Betterave-Mère, pourvu qu'elle fût riche en sucre. Vilmorin en arriva par là à un élevage si exclusivement individuel, qu'il ne pouvait pas être question de race dans sa semence améliorée; on y trouvait, en effet, un mélange aux formes et couleurs les plus diverses, dans lequel toutefois il y avait aussi des sujets bien remarquables.

Les successeurs de Vilmorin, à Paris, élèvent maintenant d'une manière plus rationnelle et leur semence est très recherchée pour certains sols, mais elle donne cependant des rendements moindres en général que les races cultivées en Allemagne, quoique sous le rapport des rendements, ces messieurs aient fait des progrès bien appréciables.

Nous aussi nous aspirions, vers la même époque, à obtenir une race de Betteraves riches en sucre, et par des déterminations botaniques et le saccharomètre à la main, nous avons réussi. Les résultats de nos efforts sont constatés par les races créées par nous : savoir : *impériale améliorée blanche et rose, impériale et Betterave électorale.*

Nous devons y ajouter une nouvelle race de création récente : *La Betterave Mangold.* L'impériale blanche n'a pas encore encore été surpassée quant à la richesse en sucre ; et l'électorale, dans les pays montagneux et les terrains diluviens, a donné jusqu'ici, à côté d'une grande richesse en sucre, des rendements en poids que n'a atteint aucune autre race.

Les succès obtenus ne devaient pas cependant nous déterminer à rester stationnaire sur la route que nous avions suivie, car qui ne va pas en avant, recule. Nous devons, au contraire, être bien sur nos gardes pour ne pas perdre, par exclusivisme ou présomption, ce que nous avions si péniblement obtenu.

Nous avons, plus haut, parlé de la difficulté qu'il y a à élever rationnellement la semence de la Betterave ; il faut avoir en effet de l'énergie, de la persévérance et un grand amour pour ce noble produit.

Sans ces qualités, on ne deviendra jamais un intelligent éleveur de semences de Betteraves.

Vu que la Betterave est une plante bisannuelle, son amélioration demande deux fois plus de temps que celle d'une plante annuelle.

Il faut donc la moitié de la vie d'un homme pour fixer une variété déterminée de Betterave, car en vingt ans, on n'a pu travailler que dix fois à cette amélioration.

Les fabricants de sucre qui font cultiver leur semence par un régisseur ou un autre employé ne font jamais de progrès. Même parmi les agronomes qui travaillent directement ou indirectement pour une fabrique, dont la prospérité ou la ruine dépend donc plus ou moins de la prospérité de l'industrie de la Betterave à sucre, on en trouve encore malheureusement beaucoup qui, méconnaissant la haute importance de la semence des Betteraves, ne lui accordent point toute l'attention qu'elle mérite et procèdent beaucoup trop cavalièrement avec elle. Ces gens-là poursuivent généralement, en élevant la semence de la Betterave, un tout autre but que celui qui peut être utile à l'industrie. Leur principale aspiration tend généralement à produire beaucoup de quintaux par arpent de terre, et pour y arriver tout moyen leur est bon. Le marchand de semence qui leur assure que son espèce produit beaucoup et de grosses Betteraves trouvera toujours preneur parmi eux. Il leur manque, qu'on nous passe l'expression, la *conscience du sucre* sans laquelle nul éleveur de semence ou cultivateur de Betteraves ne fera jamais la moindre chose de profitable à l'industrie.

De cette manière a fortement dégénéré toute semence de Betteraves à sucre, comme l'a fait toute semence de blés, et il est grandement besoin d'une *régénération* de la semence de la Betterave à sucre ordinaire.

Il faut reconnaître que le procédé mis en avant par Sombart-Ersmlehen et qui consiste *à changer la semence* a quelque chose de bon en soi; car c'est un fait constaté qu'une semence de Betteraves à sucre ainsi portée du lieu de sa naissance dans un autre a donné des résultats essentiellement supérieurs; cependant le changement seul ne peut pas produire une régénération.

Il faut plutôt la chercher dans le rafraîchissement du sang avec d'autres races nobles; c'est par là que les races élevées par nous ont une supériorité si grande sur toutes les autres races de Betteraves, parce que nous les rafraîchissons, c'est-à-dire nous les régénérons tous les trois ans dans la même race.

Cette régénération s'accuse d'abord par une forte taille de la plante qui ne sort pas des particularités de la race; en second lieu par une force germinale supérieure, ainsi que cela a été brillamment démontré dans tout concours; et enfin elle s'affirme en ce que, même dans des conditions défavorables, cette race rafraîchie monte beaucoup moins en graine dans la première année que les autres races dégénérées.

L'espace ne nous permet pas de nous étendre davantage, dans ce livre, sur un sujet si important; tout éleveur de semences reconnaîtra déjà d'après ces courtes indications l'importance qu'il faut attacher à la régénération de la semence.

Après cette digression, il ne nous reste plus qu'à décrire la manière pratique dont nous cultivons la semence de la Betterave; cette manière particulière mérite peut-être bien, si nous ne nous abusons, qu'on lui accorde quelque attention.

Vers la mi-avril nous semons la graine de Betteraves d'une variété reconnue excellente, de la manière déjà connue et à 30 ou 33 centimètres de distance entre les lignes, dans des champs bien préparés pour cela et sur deuxième ou troisième fumure; nous les démarions et les sarclons à temps. Si on a des Betteraves bien régénérées, on peut aussi semer en ligne au moyen du semoir, démarier ensuite afin d'obtenir des plants de choix. La manière usitée de temps en temps de semer en ligne les Betteraves destinées à la semence et de les laisser grandir sans les démarier doit être entièrement rejetée et diminue de beaucoup la valeur de la semence ainsi obtenue; car on donne ainsi libre action à la dégénération.

Dès que, après un travail sérieux pendant l'été, ces Bette-raves sont suffisamment mûres, on va dans le champ avec des personnes d'expérience et on leur montre chaque Bet-terave dégénérée ; on la reconnaît à la tête des feuilles et à la forme de ces dernières. Après quelques heures de travail, ces personnes acquièrent une habileté telle qu'elles reconnaissent et éloignent d'elles-mêmes les sujets impropres à l'élevage, il n'est plus besoin que d'un peu de surveil-lance. Ces sujets sont portés à la fabrique de sucre ou bien dans la grange à fourrages.

Les Betteraves reconnues bonnes d'après la forme de leurs feuilles et de leur cœur sont arrachées, mises dans des corbeilles d'osier et portées à l'endroit où elles doivent être ensilotées. Nous les faisons ensuite trier sous un contrôle sévère, d'après la forme de la Betterave. Celles que leur forme rend propres à devenir Betteraves-Mères sont ensuite déposées par couches dans un silo 1 pied 1/2 de pro-fondeur et 4 pieds de largeur, de manière à ce que les têtes, dont on a auparavant éloigné les feuilles avec un couteau bien tranchant (bien faire attention de ne pas endommager le cœur) soient en haut et les bouts de racine, auxquels on doit seulement laisser une longueur de 6 à 8 pouces, soient en bas. C'est ainsi qu'on met en couches les Betteraves, presque à longueur égale.

On recouvre ensuite le silo avec 18 pouces de terre, non en forme de toit, mais formant plateau par le haut afin que la pluie puisse pénétrer. Plus la Betterave est humide, mieux elle se conserve dans le silo. Il faut prendre garde toutefois que l'eau ne séjourne entre les Betteraves, ce qui peut avoir lieu si les silos sont mal placés. Dans les années de sécheresse on arrose fortement, avec grand avantage, les Betteraves, après les avoir recouvertes de trois pouces de terre, de manière que les trois pouces de terre forment autour des Betteraves comme une couche de limon. Les Betteraves ainsi presque hermétiquement enfermées se conservent le mieux et ne sont pas exposées à se gâter.

Après avoir ainsi donné au silo une enveloppe de terre de 40 à 60 centimètres, on y met encore une couche légère de fumier par dessus lorsque le froid est rigoureux ; mais il faut l'éloigner de nouveau si le printemps est précoce. En mettant cependant 1 mètre de terre sur les Betteraves, on n'a pas besoin de fumier. De la mi-mars au commencement d'avril on découvre les Betteraves ; celles qui se sont gâtées ou qui ont été attaquées par les souris servent comme fourrage pour les bestiaux ; celles qui sont saines sont portées à l'endroit destiné à déterminer la valeur intrinsèque de la race en question et dont la sélection a déjà eu lieu en automne et d'après les marques extérieures, ainsi que nous l'avons décrit. Dans le laboratoire on divise les Betteraves en trois classes : Betteraves d'élite, bonnes, de peu de valeur. Ces dernières sont impitoyablement mises au fourrage malgré leur belle forme ; celles qui sont bonnes sont en partie utilisées pour la production de la semence à vendre (ce qui est très rare cependant), en partie pour la continuation de l'élevage, tandis que le peu de Betteraves d'élite qui ont une polarisation de 19 0/0 et plus sont précieusement recueillies comme un trésor ; on les plante avec tout le soin possible dans un endroit isolé, abrité, car elles porteront la semence-mère et serviront avec leur postérité à l'amélioration et à la régénération de la race.

Revenons maintenant à la culture de la graine de Betterave, telle qu'elle est usitée dans le pays. On retire des silos le plant qui y a passé l'hiver ; on le met soigneusement dans des corbeilles d'osier et on le porte à l'endroit où on veut le planter ; là on le distribue dans les trous déjà prêts à le recevoir.

Il va sans dire que, si le champ est éloigné du silo où on a conservé les Betteraves, il faut se servir de la charrette pour les transporter ; toutefois il serait bon de cultiver toujours la semence près de l'endroit où le plant a grandi l'année précédente.

Quand on a mis la Betterave droite dans la terre avec un plantoir il faut presser fortement la terre ; il faut enfoncer

la plante de manière à ce que le cœur soit à fleur de terre;
on recouvre le cœur avec un centimètre et demi de terre
environ, afin de l'abriter contre les froids de la nuit et la
dent des lièvres.

Dès que les herbes commencent à pousser dans le champ,
on sarcle les Betteraves à la main; environ quatre semaines
après, si les herbes se montrent encore ou que les Betteraves aient poussé de 10 à 15 centimètres, on les butte soit à
la main soit avec la charrue.

Vouloir attacher les tiges portant les graines est impraticable dans une culture un peu étendue, et cela n'est d'ailleurs pas si nécessaire. D'après le *Cultivateur pratique de la
Betterave,* on doit cultiver les Betteraves à semence dans un
champ abrité le plus possible contre les vents, ce que nous ne
saurions admettre, car si la semence récoltée en plein vent
est moins abondante, elle n'en est que meilleure; et comme
du reste on ne doit pas élever la semence dans le voisinage
des villes ou villages, il ne reste plus qu'à la cultiver en pleine
campagne, ce qui, à notre avis, est tout à fait inoffensif. On
peut assurer ses Betteraves contre la grêle au moyen d'une
prime de 3 1/3 pour cent qu'on paye aux Sociétés d'assu-
rances, et que nous trouvons modérée en considérant les
gros risques. Aussitôt que la plus grande partie de la
semence est mûre, ce qu'on reconnaît si en la coupant avec
les dents le grain semble farineux, on commence la récolte.
On coupe la semence mûre et on la lie en petites gerbes de
10 pouces environ de diamètre. Ces paquets sont mis en
ligne, debout, comme on le fait pour le colza, de manière
que l'air puisse y pénétrer.

Quant à la graine verte qu'on a laissée sur pied, on enlève,
à l'aide d'une faucille, les pointes qui fleurissent encore ou
qui ne sont pas mûres, et huit jours après on coupe les
semences mûries tardivement et on les traite comme les
autres ci-dessus. Une fois la graine bien séchée, on fait une
aire à dépiquer sur le sol en ôtant, avec la pelle, la terre, sans
cohésion, avec laquelle on forme un petit rempart tout
autour. On construit cette aire de manière que les petites

boîtes de semences puissent y être apportées commodément dans de grands draps. Ensuite on dépique la semence avec le fléau ou la latte, et on la porte dans la grange pour la nettoyer.

Mentionnons encore ici une méthode irrationnelle et surannée de l'élevage de la semence de Betterave, méthode encore malheureusement en usage dans quelques villes du bas Hartz. Elle était recommandée, il y a peu de temps encore, dans une revue autrichienne ; ce qui fait que nous croyons devoir ici la proscrire, car elle n'est rien moins que recommandable.

D'après cette méthode, on sème au commencement de l'arrière printemps la semence la plus serrée possible dans un champ labouré, afin que les Betteraves restent petites et ne se développent pas.

Ces petites Betteraves incomplètes sont démariées au printemps suivant à 9 pouces au plus de distance ; elles ressemblent alors au colza planté et produisent des graines imparfaites. Comme ce procédé d'élevage est contraire à toutes les règles de l'élevage rationnel, nous n'avons pas besoin d'en faire une critique plus détaillée. Son principal défaut consiste surtout en ce qu'il n'est pas possible de séparer les racines de peu de valeur, vu que la formation incomplète de la Betterave ne permet absolument pas de distinguer les racines de Betteraves bonnes de celles qui sont mauvaises.

Si nous récapitulons ce que nous avons dit, nous verrons que l'élevage rationnel de la graine de Betterave à sucre comprend les règles suivantes :

1° Il faut prendre pour la production la semence des porte-graines d'une excellente variété et la semer dans un terrain sec, meuble, fertile, et calcaire si c'est possible ;

2° Il faut travailler très bien les Betteraves pendant leur végétation et les sarcler le plus souvent possible ;

3° On ne doit pas les récolter avant la mi-octobre, afin qu'elles arrivent à toute leur maturité ;

4° On doit assortir ces Betteraves tandis qu'elles sont encore en terre, parce que, nous l'avons déjà dit, le feuillage est le meilleur signe caractéristique d'une bonne espèce. Aussi longtemps qu'on n'a pas de Betterave meilleure, on doit se baser sur le modèle de description indiqué, de manière que les Betteraves à choisir pour la semence égalent, ou du moins ressemblent à la Betterave normale et typique.

5° On doit éliminer, aussitôt qu'on arrache les Betteraves destinées à la semence. celles qui sont racineuses ;

6° Il faut couper avec un couteau bien tranchant les feuilles de la Betterave près du collet, sans l'endommager cependant. On doit s'interdire absolument, d'arracher ces feuilles en les tordant. La queue des racines doit être coupée, si elle a plus de 20 à 25 centimètres de longueur ;

7° On doit porter les Betteraves dans un silo profond de 50 centimètres de manière à ce qu'elles soient debout les unes contre les autres. et jamais en deux rangées l'uné sur l'autre ; ensuite il faut les préserver du froid ;

8° Au commencement d'avril on les retire ; on les assortit encore une fois et on les plante en les recouvrant d'un peu de terre ;

9° On ne doit pas planter les Betteraves destinées à la semence à une distance moindre de 60 à 65 centimètres ni plus grande que 75 à 80 centimètres. On le fait ou en carré, ou sur joint, ou en angle de 60 degrés (en triangles aux côtés égaux), et cette dernière méthode est la préférable ;

10° On doit cultiver les Betteraves porte-graines dans un champ éloigné d'un demi-kilomètre au moins de tout autre champ de Betteraves porte-graines ; en tout cas, éloigné de tout endroit où il y a des Betteraves fourragères, parce que l'hybridation en serait inévitable. Mais il est presque toujours dangereux de cultiver la bonne semence de Betterave à côté d'espèces de mauvaise qualité ; chaque abeille, le moindre vent porte le pollen, d'un champ dans l'autre. Voilà pourquoi les grainetiers des contrées où les Betteraves à sucre et à fourrage sont cultivées pêle-mêle ne peuvent jamais garantir la pureté de l'espèce de semence élevée en ces endroits.

11° Tout climat, ni toute contrée ne sont propres à l'élevage des Betteraves porte-graines ; aussi ne doit-on cultiver la graine que dans les meilleurs endroits ; si on ne le pouvait pas, il vaudrait mieux l'acheter.

12° Tout triage de Betteraves, d'après la détermination de la teneur en sucre, ne sert de rien et ne fait faire aucun progrès à l'amélioration, si la Betterave riche en sucre ne procède elle-même d'une race constante ; car d'une race bâtarde, on ne fera jamais sortir une race noble.

En suivant ces règles on assure un bon résultat. La tâche la plus importante dans un élevage rationnel est en tout cas la sélection et la régénération ; car si on n'éloigne pas celles qui ne valent rien pour porte-graines on recule au lieu d'avancer, et les efforts de longues années sont perdus pour toujours. Au reste, la plupart des règles de l'élevage des bestiaux s'applique également à l'élevage de la Betterave.

VI. — Théorie de la race.

A. — DÉFINITION DE LA RACE

Il nous faut, avant tout, déterminer ici d'une manière complète la définition de ce que l'on entend par *race*.

Une race de Betteraves est une réunion d'exemplaires, dans laquelle les individus isolés ont entre eux un lien de parenté, qui s'exprime par leur grande ressemblance entre eux, vu qu'ils procèdent d'ancêtres de la même espèce et produisent à leur tour des descendants doués de qualités identiques ; vu que de plus ils transmettent leurs qualités sur un certain nombre de générations, alors même qu'ils sont transplantés dans un autre climat et sur un autre sol.

Pour bien établir cette définition de la *race* de Betterave, nous nous en rapportons à des autorités reconnues dans le domaine de l'élevage et nous reproduisons ici leur manière de voir.

Dans ses fameux chapitres : *Le combat pour l'existence* (*Struggle for life*), Darwin dit : « Chacun sait que les organismes, même dans l'état de nature, possèdent une variabilité individuelle ; toutefois la seule existence d'une telle variabilité et de quelques variétés bien dessinées ne nous met pas en état de comprendre comment les genres naissent dans la nature. Cela ne nous met pas encore en état de pouvoir répondre à cette question importante : Comment toutes ces adaptations merveilleuses d'une partie de l'organisation à l'autre et aux conditions extérieures de la vie, d'un être organique à un autre être ont-elles été opérées ? Nous ne pouvons pas encore non plus dire comment il se fait que des variétés, que j'appelle moi-même genres naissants, se métamorphosent enfin en des genres constants et distincts, etc. »

De plus : « Nous ne saurions accepter que les variétés actuelles de plantes aient été produites tout à coup si parfaites et si utiles ; nous connaissons, en effet, assez exactement l'histoire de maintes d'entre elles pour savoir qu'il n'en a pas été ainsi ; la solution en est dans la puissance que possède l'homme de choisir et d'accumuler ; la nature livre peu à peu maints changements ; l'homme les dirige dans certaines voies utiles à lui ; c'est la baguette magique avec laquelle il fait naître chaque forme qu'il désire. »

Darwin dit ensuite : « Les meilleurs éleveurs se prononcent tous contre ce procédé (croisement de races) et travaillent constamment à améliorer une race dans la race même.

« Mais, le choix de l'individu une fois fait, tout n'est pas fait ; la tâche importante de l'éleveur consiste dans l'accumulation continuelle de certaines propriétés pendant des générations ; à obtenir dans une seule direction des changements méconnaissables aux yeux d'un profane, et pour cela il faut avoir un bon œil, persévérance, argent, amour du métier et beaucoup de temps. »

Par là, Darwin a marqué à grands traits la voie qu'il nous faut suivre pour améliorer la Betterave ; mettant à profit la variabilité de la *beta vulgaris*, nous faisons passer les qualités des meilleurs individus sur d'autres individus, nous augmentons ces bonnes qualités au moyen de la sélection, nous créons et élevons ainsi des *races* diverses, destinées à des climats et à des terrains spéciaux, races qui y soutiendront le combat pour l'existence mieux que ne le feront d'autres espèces, et nous livrerons ainsi la semence produisant la meilleure matière première que comportent le climat et le terrain.

Sur un sol déterminé et sous des influences climatériques constantes, il n'y aura jamais qu'une race spéciale et améliorée en elle-même par la sélection qui montre sa supériorité et laisse derrière elle toutes les autres espèces. De même que dans toute chose, ainsi dans les variétés de Betteraves la qualité est relative et dépendante des influences du dehors.

Settegast nous dit dans son ouvrage *L'Elevage des animaux*, 3º édit. 1872, p. 53 : « Une race comprend tous les individus de la même espèce qui se distinguent des autres par des signes caractéristiques et qui les conservent aussi longtemps que les circonstances continuelles sont impuissantes à changer les caractères. »

Cette thèse n'arrive pas complètement à notre définition de la race, car il lui manque la clause d'ascendance et de descendance, laquelle est, d'après nous, entièrement décisive pour la définition de la race.

Nous sommes bien plus près de la théorie de la race développée par M. H.-V. Nathusius. Dans son livre *Conférences sur l'élevage des animaux et la connaissance des races*, 1ʳᵉ partie, 1842, il distingue en deux groupes les individus semblables d'un genre, à savoir : races produites par la *nature* et par la *culture*, et dit à propos des dernières, et avec raison selon nous, ce qui suit :

« Les races de la culture sont celles en qui l'on voit clairement les effets de l'élevage. On reconnaît en de tels groupes des qualités qui restent constantes à travers les générations ; mais l'on reconnaît aussi qu'elles correspondent à certains buts d'utilité recherchés ou qu'elles sont à dessein destinées à remplir certaines fonctions; en un mot, on reconnaît en elles les traces de l'art humain. »

Une fois donc que l'éleveur a obtenu ces races de Betteraves, produites selon toutes les règles de l'art, il doit aspirer à les conserver, sans se soucier de la faveur capricieuse d'une mode passagère quelconque. Le public change de goût selon les influences du dehors, ainsi que cela a eu lieu en *France*. Dans ce pays, toute Betterave riche et améliorée était honnie et méprisée à cause de l'assiette d'impôts. L'industrie sucrière de la France ayant, par cette circonstance, été presque ruinée par la rivalité étrangère, le gouvernement changea son système d'impôts, et voilà que tout à coup tous les cultivateurs portent leurs regards vers la Betterave allemande ennoblie, bien améliorée, et ayant causé la prospérité agricole de l'Allemagne.

L'éleveur des races de Betteraves doit donc, sans se mettre en peine de la faveur capricieuse du public, poursuivre son idéal, et non seulement tenir ferme à ses races de culture créées par l'amélioration interne et la sélection des plus nobles individus ; mais il doit encore accumuler de plus en plus les avantages spéciaux d'une race particulière sur les descendants de cette race, afin de la porter à la plus grande perfection possible.

L'idéal, le but final de tout élevage de Betteraves doit donc être et rester invariablement : « La plus grande richesse de sucre possible, accumulée dans une Betterave *grosse, bien formée, pivotante et juteuse.* »

Ce but final doit guider tout éleveur dans la création et la fixation des races. Il doit être la base de tous les travaux d'amélioration, lesquels ne doivent tendre qu'a obtenir le plus tôt possible et au plus haut degré ces quatre qualités.

B. — ATAVISME

Ce qui empêche le créateur d'une race de Betteraves d'atteindre le point culminant de perfection, c'est la réaction défavorable du climat et du sol, de même que la tendance qu'a tout être vivant vers l'atavisme. Si ces obstacles

n'existaient pas, nous aurions atteint depuis longtemps
ce but désiré.

Le terme d'atavisme dérive de *atavus*, un ancêtre. C'est
un fait reconnu dans la théorie de l'hérédité et dans la pratique des éleveurs, que les descendants d'une même
famille, qui ne s'est pas conservée pure de race, pendant
longtemps ou qui n'a pas été *élevée* avec la persévérance
nécessaire, ne ressemblent que rarement à leurs parents, ou
bien possèdent des qualités semblables.

On observe également souvent que les êtres animés, alors
même qu'ils ne se sont pas conservés, ou bien qu'ils
n'ont pas été élevés purs de race, ressemblent plutôt
à leurs grands-parents qu'à leurs parents ; et on a même
en cela fait l'observation particulière que le petit-fils
ressemble généralement à sa grand'mère et la petite-fille
au grand-père.

Toutefois, ce phénomène n'est point un cas d'atavisme, et
partant une réaction ; il n'est qu'une particularité des lois
d'hérédité très fréquente, laquelle n'est un sujet d'étonne-
ment que pour les gens qui ne sont pas versés dans les
théories de l'élevage.

Dans les genres ou familles, qui se sont conservés longtemps ou qui ont été élevés purs de race, la ressemblance
par rapport à l'extérieur et aux qualités augmente de plus
en plus de génération en génération. Voilà pourquoi les êtres
engendrés de race pure, supposé qu'ils possèdent des qualités
excellentes et correspondantes à leur but, ont une bien plus
grande valeur que les descendants de l'élevage individuel, ou
que les descendants de produits de croisement ou d'hybridation, rales même que les aïeux de ces derniers auraient eu
les meilleures qualités. Néanmoins, la plupart des éleveurs
sont déjà bien contents si la troisième génération ressemble à
la première, ou même si elle a approximativement la même
valeur.

Mais nous devons dire que c'est un cas d'atavisme quand,
dans une famille d'animaux ou de plantes, il apparaît tout
à coup et d'une manière inattendue un sujet qui montre les

marques et les qualités d'un ancêtre ayant disparu peut-être depuis six, huit, dix générations, voir même depuis un siècle.

Nous donnons le nom d'atavisme à de tels phénomènes. Or, comme de tels accidents ne sont pas seulement des exceptions, mais qu'ils se présentent presque dans chaque race, ils sont très dangereux pour l'éleveur, et s'il n'y prend pas garde, anéantissent les résultats d'un travail qui lui a coûté tant d'argent et tant de labeurs ; en sorte que, après tant d'années de peines perdues, au lieu d'élever il abâtardit. Cela s'applique tout aussi bien aux races remontant à vingt générations qu'à celle qui n'a pas de lignée. Le *pedigree* d'un animal ou d'une plante n'a de valeur qu'en tenant compte de la valeur de l'homme qui, par son travail spirituel ou matériel a engendré la race ou le sujet qui sert à la propagation.

Qu'y a-t-il donc d'étonnant à ce que les races de nature montrent des caractères beaucoup plus permanents que ne le sont ceux des races produites par les mains de l'homme ? Mais cela ne doit pas nous faire perdre courage.

L'éleveur prudent et intelligent reconnaît facilement ceux des individus de la race qui commencent à dégénérer ; il en sait écarter, au moyen de la sélection, le danger qui pourrait amoindrir la pureté de la race créée par lui et, en pratiquant toujours une sélection rationnelle et un élevage sévèrement méthodique de la race, il obtient ce qu'on ne saurait produire de mieux, à savoir: *une race stable en soi et améliorée.*

On a eu souvent occasion d'observer l'existence de l'atavisme et ses effets dans un sens soit bon, soit mauvais, soit indifférent; car, depuis un temps indéfini, on a constaté la présence de ces retours en arrière. Aussi le fameux Haeckel distingue-t-il un atavisme *conservateur* et un atavisme *progressif.* Ce dernier tend à changer ce qui existe ; tandis que le premier s'efforce de maintenir les bonnes qualités ; l'atavisme conservateur apparaît le plus souvent dans des races créées méthodiquement pendant de longues années, et offre un appui à l'éleveur, tandis que l'atavisme progressif lutte contre le travail du dernier, quand il ne le détruit pas de fond en comble.

Ce que nous voyons se produire parmi les fruits, les légumes et parmi les Betteraves qui, malgré une longue période d'années d'amélioration, ont toujours un penchant à retourner aux types primitifs de sauvageon, ce n'est autre chose que les manifestations de l'atavisme.

Aussi faut-il se méfier des prétendus élevages de seconde main, *reproductions;* ils présentent un grand danger pour l'industrie, car, si une véritable race ou une variété de Betteraves était quelque chose d'immuable, les fabricants de sucre feraient beaucoup mieux d'acheter, non des graines originales, mais ces graines de contrefaçon, qui sont meilleur marché. L'expérience a déjà démontré que dès la première récolte beaucoup de types ont déjà changé; que dans les deuxième et troisième génération, la plupart du temps, la race ou variété originaire de la Betterave n'est plus reconnaissable à l'extérieur et que la *valeur en est beaucoup amoindrie.*

Les cultivateurs de seconde main (reproducteurs) n'ont aucune idée de l'atavisme et par suite ne voient pas les réactions les plus opposées. Ils s'en rapportent aux autorités des éleveurs dont ils reçoivent la graine originale; ils laissent, par conséquent, tout choix de côté, et les bienfaits de la sélection sont complètement perdus pour les preneurs de leurs produits.

On peut bien espérer, attendre même avec confiance, que la crise dans laquelle se trouve actuellement l'industrie sucrière de la Betterave arrivera à ce résultat, à savoir que les personnes intéressées ne se serviront plus que de semences améliorées par l'élevage pour obtenir leur matière première, et pour faire produire ainsi à l'agriculture et à la fabrication les plus beaux résultats, afin de maintenir une grande industrie européenne et de lui faciliter autant que possible la lutte, rude à ce qu'il semble, qu'elle aura à livrer pour son existence.

C. — PUISSANCE INDIVIDUELLE

La doctrine de la puissance de l'individu, doctrine proposée par M. Settegast, s'appuie sur ce principe que des êtres pris à part et doués de qualités dans la forme et dans leurs propriétés — tels qu'on en trouve parfois dans les élevages les plus ordinaires, — possèdent l'avantage de transmettre ces qualités à leurs descendants.

Entre plusieurs exemples, Settegast en cite un emprunté, si nous avons bonne mémoire, à la bergerie de Belswitz. Un bélier, doué de qualités hors ligne, donna à tout un troupeau de brebis un type particulier, et cette transformation eut des avantages si utiles et si pratiques que béliers et brebis acquirent une certaine célébrité.

D'après notre manière de voir, ce bélier a dû être doué d'une puissance exceptionnelle de transmission et a possédé en même temps des qualités qui faisaient défaut au troupeau où il fut employé. Grâce à lui, il y a donc eu un croisement qui livra des produits très appréciables, lesquels, soumis eux-mêmes à l'élevage, firent race et répondirent complètement aux espérances du propriétaire.

Si ce dernier a su, par une sélection énergique des descendants, fixer ces qualités, on peut dire qu'il en est résulté, dans toute la force du terme, une race pour l'élevage. Toutefois les apparitions d'atavisme n'auront pas manqué de porter préjudice d'une manière sensible à l'influence de la puissance individuelle de cet animal; car la thèse posée par nous:

> Le noble seul
> Peut engendrer le noble

ne saurait être renversée impunément; ou bien si, grâce aux circonstances, ce qui est commun rapporte davantage, il peut paraître plus profitable, pécuniairement parlant, d'élever ce qui n'est pas noble de préférence à ce qui l'est, ainsi que cela a souvent eu lieu dans l'élevage des Betteraves même, en France par exemple, par suite des impositions sur les produits fabriqués.

Depuis 1851, nous avons toujours fait choix des exemplaires les plus riches en sucre pour en obtenir la semence en les élevant dans le cadre de leur race; pendant les dix premières années, au moyen du saccharomètre de Schatten, et ensuite au moyen des instruments de polarisation de Soleil. D'après les publications parues, ce travail semble être maintenant pratiqué sur un grand pied par quelques éleveurs, en Allemagne et en France; espérons qu'il en résultera, si on le continue pendant dix ans, une meilleure semence que celle qu'on avait auparavant.

Sans compter que cet élevage de l'individu, sans l'élevage simultané dans le cadre de la race, n'atteint son but qu'en partie, ce travail doit nécessairement conduire à un bon résultat, si on fait usage de Betteraves de la même espèce et de la même valeur. Cependant, d'après les méthodes de culture actuellement en vigueur, cette polarisation n'a qu'une valeur relative, vu que les Betteraves soumises à la sélection par la polarisation croissent à des distances *inégales*, et que par suite la teneur en sucre d'un individu isolé, constatée par l'instrument, peut ne pas lui être spécifiquement particulière, mais être le résultat d'influences purement locales, et en ce cas n'être absolument pas *transmissible*. Et non seulement cette valeur n'est que relative, mais elle ne saurait donner un résultat sûr, alors même que les individus servant à l'expérience seraient le produit d'une seule plante.

La condition essentielle pour la détermination de la valeur industrielle de plusieurs exemplaires d'une variété de la Betterave sucrière consiste dans la grandeur exactement egale de la périphérie de végétation. Si l'on accorde cette condition à la Betterave, il ne restera plus qu'une seule source, mais inévitable, d'erreur: la qualité variable du terrain et l'état d'engrais des diverses parties d'un champ, ce que toutefois un éleveur intelligent peut réduire à un *minimum*.

Les résultats de tous les travaux connus jusqu'à ce jour, pour faire la sélection des exemplaires de Betteraves destinées à la semence basent ce choix sur l'individualité et la richesse du sucre, tous ces résultats sont atteints du défaut dont nous parlons ici, c'est-à-dire de la confusion qu'on fait entre les particularités individuelles et celles qui sont produites par les influences locales. Aussi, toutes les conclusions qu'on en tire ne sont-elles justes qu'en partie et cette partie est très minime, parce qu'on ne prend pas consciencieusement soin de répartir également toutes les influences locales, notamment les rapports du rayon de la Betterave.

Ce n'est que lorsqu'on emploiera, pour expérimenter, bon nombre de Betteraves ayant grandi à une égale distance et prises sur un seul et même champ bien homogène, qu'on aura la possibilité d'obtenir des chiffres moyens ayant quelque valeur pour l'élevage.

Le fait de voir toutes les autorités proposer une quantité d'individus isolés pour une expérience rationnelle montre très clairement le peu de cas qu'on fait du résultat de l'expérience faite sur un seul exemplaire.

Les Betteraves choisies d'après la théorie de la puissance individuelle, qui n'ont pas cette condition première n'offrent, par suite, aucune garantie pour la transmission de leurs qualités. La cause en est en ce que la Betterave, sélectionnée d'après son poids spécifique et d'après sa polarisation, et qui a grandi très serrée par ses voisines peut, tout en ayant 2 à 3 % de sucre de plus qu'une autre, être bien plus mauvaise comme Betterave-Mère que ne le sera une autre, accidentellement plus pauvre en sucre, mais avec une périphérie de croissance grande, indéterminée parce qu'on ne l'aura pas évaluée.

Le meilleur éleveur, sous ce rapport, était M. Vilmorin, de Paris. Ses successeurs et son fils continuent avec intelligence et succès le mode d'élevage qu'il avait adopté.

Toutefois, comme les semences livrées actuellement au commerce par la maison Vilmorin, Andrieux & Cie, sous le nom de Betterave améliorée blanche ou rose ne possèdent pas encore les qualités absolument nécessaires à la Betterave de race, c'est-à-dire la ressemblance de famille, nous soupçonnons qu'on fait encore de l'élevage individuel ; nous voulons dire par là qu'on choisit pour l'élevage, comme le faisait M. Vilmorin lui-même, les individus les plus riches en sucre, sans se mettre en peine de savoir si les Betteraves-Mères étaient semblables et provenaient d'ancêtres égaux. Malgré cela la graine Vilmorin a une bonne réputation, et sous certains rapports elle la mérite.

Pour les terrains élevés, elle est inférieure en grande partie aux autres races, notamment à l'Impériale améliorée et à l'Électorale, ainsi que cela a été démontré, en Allemagne, par des expériences comparatives ; en Bohème, par le professeur Nowockzec. Comme la graine de M. Vilmorin s'est acquis une si bonne réputation et qu'elle est payée un prix élevé, on n'a pas manqué ailleurs d'en produire une grande quantité en contrefaçon. On ne fait que *baptiser* ainsi une quantité encore plus grande, ce que la maison Vilmorin ne saurait prendre en mauvaise part de ces cultivateurs et de ces marchands.

On a tant écrit sur les détails de l'élevage Vilmorin, que nous nous abstenons d'en parler ici et que d'ailleurs nous n'y sommes pas autorisé.

D. — RENOUVELLEMENT DE L'ESPÈCE

La consistance et la persévérance de la race est dépendante d'un renouvellement du sang. Toute race, qui est élevée constamment en elle-même et finalement d'une manière incestueuse, souffre sans pitié de cette affinité, c'est-à-dire de l'accumulation du sang de famille. Aussi est-ce par mesure de prudence que l'éleveur pratique à temps des rafraîchissements de sang, mais jusqu'au point toutefois que la race et ses propriétés n'en soient pas altérées.

Ce renouvellement de sang est, d'après toutes les théories, nécessaire à l'élevage de la race, quand tous, ou du moins la plupart des individus sont devenus plus ou moins apparentés entre eux par l'accouplement.

De toutes les races de plantes, celles qui s'accouplent le plus facilement sont à peu près les Betteraves, car leur formation énorme de pollen, la diffussion facile de ce dernier et la nature dichogame de leurs organes de reproduction amène un accouplement, non seulement avec les plantes voisines, mais même encore à plusieurs centaines de mètres de distance quand il fait du vent et un temps sec au moment de la floraison. C'est ce que nous avons démontré plusieurs fois dans nos ouvrages antérieurs, et ce que voient encore tous les jours, à leur grand détriment, les éleveurs de Betterave à Quedlinbourg, à Ascherleben et ailleurs, où on cultive, à côté les unes des autres, des Betteraves à fourrage et des Betteraves à sucre. La Betterave fait partie des plantes à floraison dichogame. Elles paraissent, il est vrai, hermaphrodites, c'est-à-dire que chaque fleur possède à la fois des étamines et un pistil, mais en réalité elles sont dioïques en ce sens que la partie féminine de la fleur (pistil) ne devient fécondable qu'après que la poussière du pollen a quitté les loges des anthères de cette même fleur et s'est déjà dissipée. Voilà pourquoi, malgré le rapprochement du stigme et des étamines, elles ne se fécondent pas par elles-mêmes. Comme la Betterave possède cette qualité d'accouplement à un très haut degré, tout élevage de cette espèce la rend bientôt apparentée, et nécessite par conséquent un rafraîchissement de sang réitéré que ne négligera pas un éleveur intelligent. Il est certain qu'une reproduction incestueuse prolongée conduit à la ruine des plus nobles familles des plantes, des hommes et des animaux, et cette circonstance mérite la plus grande attention. Tous les auteurs qui ont écrit sur l'élevage de la race sont, en ce point, complètement d'accord avec nous.

Ce rafraîchissement de sang, il est à peine besoin de le dire, doit avoir lieu au moyen de Betteraves de la même race, sans cela il en résulterait un élevage de croisement préjudiciable. Il n'est pas douteux que, si l'on peut employer l'Impériale blanche améliorée de Knauer pour rafraîchir la Betterave de Klein-Wanzleben, on peut *vice versa* rafraîchir l'Impériale blanche améliorée avec de la semence de Klein-Wanzleben, vu que cette dernière, formée de l'Impériale de Knauer par l'intelligent éleveur Rabbetge est de la même race, et en quelque sorte une *Betterave-Impériale*.

Si on voulait, par contre, rafraîchir une Betterave-Impériale avec une Électorale, il en résulterait une hybridation de la pire espèce. Il faut donc éviter avec soin, en voulant renouveler le sang de la Betterave, les accouplements de races hétérogènes.

Veut-on fixer les qualités excellentes d'une race accumulées par l'élevage et par la sélection, on peut bien permettre pendant quelques années l'élevage incestueux, mais après, le rafraîchissement n'en devient que plus impérieux.

À quel degré et dans quelle mesure ce rafraîchissement doit-il avoir lieu, c'est ce qui dépend chaque fois de l'état et des résultats de la race des plantes que l'on travaille; en tout cas il ne doit avoir lieu que tout autant que le type de la race ne sera point changé ou ne le sera qu'insensiblement en faveur d'une qualité à obtenir.

Nous avons toujours dirigé et nous dirigeons toujours nos efforts à fixer des types de race pure pour les diverses circonstances, et à les conserver purs de sang par un élevage séparé (c'est-à-dire éloigné de toute autre variété), afin de pouvoir suffire aux besoins soit sous le rapport des terrains divers, soit sous celui des différents climats; ce n'est pas en vain, en effet, que Virgile dit :

Chaque terrain n'est pas propre à tout produire. (Géorg. II, v. 109.)

VII. — Culture de la Betterave à sucre.

La Betterave à sucre a amené une révolution profonde dans l'agriculture ; depuis son introduction, le mot d'ordre pour tous les cultivateurs est: Culture soignée. La culture de la Betterave nous démontre que ce spectre, qu'on était convenu d'appeler le terrain inerte, n'a rien de bien effrayant, et que par un labour plus profond on trouverait des trésors dont peut profiter l'agriculteur. La culture de la Betterave nous apprit de plus que nous pouvons tirer parti non seulement du fumier animal et chimique, mais encore de tous les engrais minéraux contenus dans le sein de la terre. L'industrie sucrière nous a donné des chimistes expérimentés dans le domaine agricole, et ces chimistes nous donnèrent la conviction que l'empirisme seul ne fait rien, mais que théorie et pratique doivent marcher de pair et que de cette manière l'agriculture, en étudiant la physiologie des plantes, peut tirer un grand profit de la chimie et de la physique.

La culture de la Betterave nous força à mieux travailler notre sol, à inventer de nouveaux instruments aratoires, des charrues surtout, qui ne fournissent pas seulement un travail égal à celui de la bêche, mais le surpassent considérablement. Elle nous enseigna à nous rapprocher de l'idéal de l'assolement, nous permit de l'atteindre même en nous donnant la possibilité de faire alterner les céréales avec les plantes sarclées. Aussi, comme la Betterave à sucre prépare d'une façon excellente le sol pour les céréales d'été, et les papillionacées, voulons-nous exprimer encore une fois ce principe, à savoir que la meilleure récolte préalable est celle qui prépare le mieux le terrain, au point de vue physique et chimique pour la récolte suivante.

Quant à ce qui concerne spécialement la culture de la Betterave, le procédé judicieux, rationnel, qui consiste à faire des Betteraves sur 1/4 tout au plus de ses terres, est le seul praticable à la longue et le seul qu'on puisse recommander. Là où l'on a voulu cultiver à la longue la moitié de ses terres avec des Betteraves, on n'a pas tardé à revenir de ce système, car, dans ce cas les ennemis de la culture des Betteraves croissent et prospèrent avec des dimensions si colossales qu'il est presque impossible de les exterminer; cela s'applique notamment à la multiplication des nématodes. (*Voir à ce sujet les dernières publications du docteur*

Julius Kuehn). Nous aurons encore occasion de revenir plus loin sur cet ennemi de la Betterave à sucre, le plus redoutable de tous.

La Betterave destinée à la fabrication du sucre doit être cultivée le moins possible sur première fumure ; toutefois la crainte qu'on avait autrefois des Betteraves cultivées sur le fumier n'existe plus de nos jours, et celles qui ont grandi et sont devenues vigoureuses sur une fumure fraîche valent mieux, somme toute, que ces Betteraves racineuses et maigres qui ont poussé sur un sol affamé.

On serait presque tenté de dire que c'est chose indifférente pour la qualité de la Betterave à sucre quel que soit le fumier dont on se serve et quelle que soit la manière de l'employer ; *l'essentiel est que la Betterave mûrisse à temps.* C'est le degré de maturité qui, en toutes circonstances, détermine la valeur de la Betterave. Comme les engrais chimiques riches en phosphates et en potasse activent la maturité de la Betterave, on peut les employer sans inconvénient. Le salpêtre du Chili lui-même, mêlé avec du superphosphate, et les Guano du Pérou, employés à temps et en doses suffisantes, ont toujours produit un bon effet pour la qualité et la quantité des Betteraves. Mais le sol le plus propice à la culture est et restera toujours celui qui possède en lui-même une grande fertilité provenant de fumiers antérieurs.

En Silésie et en Autriche, on cultive généralement les Betteraves à sucre sur des remblais (Billons) et sur des lignes à 45 centimètres de distance ; on les sarcle et on les butte avec des instruments tirés par de petits chevaux ; on le fait en partie par habitude, en partie par manque d'ouvriers, et en partie enfin à cause du sol humide, froid et effrité. Mais comme ce sol n'est pas à proprement parler un sol à Betteraves, ce genre de culture ne repose que sur une base artificielle et ne peut pas entrer ici beaucoup en ligne de compte ; il n'est pas du reste imité ailleurs, malgré les nombreux essais qu'on en a faits. Le procédé des Berthel a toutefois de nombreux partisans en Autriche ; c'est une

méthode de culture excellente pour ces pays, et elle facilite
essentiellement une culture précoce.

Dans ces derniers temps, les fabricants de sucre ont
beaucoup réfléchi sur cette question, afin de trouver
parmi toutes ces méthodes de fumure, celle qui convient à
la Betterave et lui fait produire le meilleur rendement sous
le rapport de la quantité et de la qualité. Cette question
revient presque tous les ans dans le programme de leurs
réunions, et excite de vives discussions ; mais comme
elles ne reposent pas sur des essais comparatifs et exacts,
ces discussions restent toujours sans résultat. Il n'y a que
les essais du professeur-docteur Maercker, de Halle, lequel
tous les ans recherche dans cent propriétés environ de la
province de Saxe quels sont les meilleurs moyens de fumure,
il n'y a que ses essais, disons-nous, qui aient dissipé beaucoup d'erreurs et apporté de la lumière dans cette partie de
la culture de la Betterave.

C'est une tâche fort difficile que de faire ces essais avec
exactitude ; et ceux de nos lecteurs qui connaissent les
difficultés des essais comparatifs, soit dans les champs, soit
dans les fabriques, conviendront que nous devons d'abord,
pendant de longues années, obtenir des chiffres moyens et
confirmés par la pratique, avant que nous puissions baser
là-dessus nos travaux.

Si, dans ces calculs, nous nous laissons diriger par des
motifs spécieux quelconques, nous obtenons un résultat qui
est si loin de la vérité que l'est le jour de la nuit. Le point
important, le pivot de la culture de la Betterave à sucre est
tout entier en ceci : *obtenir des Betteraves mûres, complètement mûres ;* car, de même que dans les raisins, les
pommes, les poires et les prunes, le sucre ne se développe
que dans la dernière période de leur maturité, ou se forme
par la transformation des matières déjà présentes dans le
fruit, ainsi en est-il de la Betterave. Le cultivateur de la
Betterave doit donc employer toute son intelligence et toute
son énergie à obtenir des Betteraves bien mûres. Cette

maturité s'obtient par différents moyens et d'une manière différente selon la nature du sol.

Un des plus intelligents cultivateurs de la province de Saxe, le membre du conseil d'agriculture Zimmermann, de Salzmuende, a dit : « Il faut que les Betteraves, pour être mûres, aient passé au moins 5 mois dans le sol, depuis le jour de l'ensemencement jusqu'à celui de la récolte ; avant ce temps, elles ne sont pas mûres. Quoiqu'on doive admettre une période de 5 mois environ pour la végétation, nous recommandons toutefois de ne pas avoir une confiance aveugle dans ce principe. Nous avons vu des Betteraves n'être pas encore mûres après une végétation de 6 et de 7 mois ; par conséquent la durée seule de la végétation ne fait pas tout. Par contre, nous avons vu aussi des Betteraves qui n'avaient pas même grandi pendant 4 mois, et avaient atteint une maturité complète.

On peut admettre que le salpêtre du Chili favorise essentiellement le premier développement de la plante ; et comme cet engrais opère vite, il active la végétation, et par suite la maturité précoce des Betteraves ; toutefois il faut l'employer de bonne heure et non en trop grandes quantités ; sans cela la végétation reste luxuriante jusque bien avant dans l'automne. Le superphosphate, ainsi que tous les engrais riches en phosphore, activent la maturité de la Betterave d'une manière surprénante ; voilà pourquoi on ne devrait employer le salpêtre du Chili que mélangé à une égale quantité de phosphate ; les expériences du professeur Maerker ont prouvé, d'une manière irréfutable, l'efficacité de cette méthode ; en mélangeant 12 quintaux de salpêtre du Chili avec 12 quintaux de phosphate par hectare, il a produit en quantité des Betteraves très passables.

En agriculture, l'action de la fumure employée n'est jamais positivement fixe, car les diverses influences climatériques donneront toujours un résultat divers.

Un, mais un seul fait, est irrévocablement fixe, à savoir que le fumier d'étable *nuit toujours et en toutes circons-*

tances aux Betteraves destinées à la fabrication du sucre s'il est épandu et enterré seulement au printemps.

Tous les chimistes sans exception nous démontrent que les Betteraves qui ne sont pas mûres, n'importe avec quel fumier on les a cultivées, contiennent plus de sels et de substances protéines que celles qui sont cultivées sans fumier, toutes choses égales d'ailleurs; et plus il y a de sels et d'alliages d'azote, plus la valeur de la Betterave destinée à la fabrication du sucre diminue.

D'après le tableau que nous reproduisons plus loin (p. 106), il est évident que, malgré le prix élevé des Betteraves, peu de fumures ont donné un profit direct. Parmi tous ces moyens de fumure, ceux qui ont donné les meilleurs résultats sont un mélange de salpêtre du Chili et de sel de cuisine, ainsi qu'un mélange de sel d'ammoniaque et de sel. Mais c'est précisément ces fumures qui sont les plus dangereuses pour le fabricant de sucre, parce que chaque livre de sel qu'absorbe la Betterave rend pour le moins trois livres de sucre incristallisable. On a même prétendu récemment que une livre de sel rend jusqu'à cinq livres de sucre incristallisable; cette opinion est exagérée, à notre avis; toutefois il pourrait y avoir des circonstances où la proportion monte de 1 à 4 ou 5. L'opposition violente soulevée contre la théorie minérale proposée par Justus de Liebig, vers 1840, s'est apaisée pour faire place à une opinion plus calme qui place la vérité, comme cela arrive ordinairement, entre les deux extrêmes : *in medio stat virtus*. D'un côté, les partisans de la théorie proposée d'abord par le grand chimiste, vont trop loin en prétendant qu'il faut regarder la fertilité d'un champ comme les comptes d'un grand livre dont le total de fin d'année resterait immuable, si on ajoute autant à l'*Avoir* qu'au *Doit*; en sorte que la puissance productive d'un champ doit rester à la même hauteur, si *par l'emploi d'engrais purement minéraux* on redonne au sol les qualités de potasse, d'acide phosphorique et d'azote que lui ont fait perdre les récoltes successives, quantités déterminées par le calcul.

Du reste, M. Liebig ne tarda pas à se convaincre lui-même que sa théorie, sous cette forme absolue, prêtait le flanc à la critique ; il la modifia sensiblement lui-même. Son erreur, si erreur il y a, était celle d'un homme de génie ; l'opinion de ses adversaires, au contraire, n'est qu'une espèce de foi de charbonnier, dénuée de tout fondement et n'ayant plus que quelques rares partisans disant que les engrais chimiques ne sont que des excitants qui rendent assimilables les matières nutritives contenues dans le sol arable et amènent forcément par là un appauvrissement de la couche travaillée. Après avoir constaté l'influence capitale du fumier de ferme sur la constitution physique de la couche arable, ordinairement appelée l'ameublissement, nous résumerons dans les trois thèses suivantes les idées qui ont actuellement cours sur l'action des engrais minéraux.

Les agriculteurs les plus éclairés et d'accord avec la science moderne sont d'avis :

1º Que les engrais chimiques, au lieu d'être de simples stimulants, sont absorbés directement par les plantes comme aliments. En dehors de cette propriété, les engrais chimiques, par leur action moléculaire, rendent solubles et par là assimilables pour les spongioles du chevelu végétal les matières inertes contenues préalablement dans le sol ;

2º Que la formation du sucre dans le corps de la Betterave n'est pas compromise par l'emploi des engrais chimiques en question, pourvu qu'on les emploie en temps opportun ; au plus tard à l'époque de l'ensemencement et en quantité rationnelle ;

3º Que somme toute, il vaut infiniment mieux cultiver la Betterave sur des terrains pauvres avec ces engrais chimiques que de n'obtenir, sans leur aide, que des semblants de Betteraves dénuées de matières sucrées.

Qu'il y ait un engrais qui en toutes circonstances soit profitable ou utile à la Betterave, c'est ce que personne n'a prétendu ou pu établir jusqu'ici ; car les expériences du

docteur Grouven n'ont pas résolu suffisamment la question.
De même que le sol est différent, ainsi peuvent et doivent
être différents les engrais et les quantités à employer.
L'époque même où on le répand sur le champ joue un rôle
si considérable, que ce sujet n'a pas encore été traité assez
à fond.

EXPÉRIENCES DU Dr GROUVEN

NUMÉRO DU CHAMPS	FUMURE PAR CHAMP à dix verges carrées. Demi-kilogramme.	RENDEMENT par Parcelle en Betteraves UN FUMÉ Kilog.	RENDEMENT en plus par hectare qu'un champ NON FUMÉ Kilog.	Si les 1.000 kilos de Betteraves coûtent 25 fr. la valeur du rendement en plus est de: Fr.	Les frais d'Engrais sont par hectare de francs. Fr.	GAIN du fumage PAR HECTARE Fr.	PERTE du fumage PAR HECTARE Fr.
1	Sans fumure.....	24.300	»	»	»	»	»
2	1000 livres fumier de vaches.	30.640	6.340	158.50	360	»	201.50
3	1000 — fumier de cheval.	33.120	8.820	220.50	360	»	139.50
4	800 — purin de vache...	38.800	14.500	362.50	300	62.50	»
5	22 — guano du Pérou..	36.080	11.780	294.50	270	24.50	»
6	50 — tourteaux de colza	32.080	7.780	194.50	210	»	15.50
7	100 — poudrette........	25.240	940	23.50	270	»	246.50
8	36 — superphosphate..	23.840	»	»	270	»	270 »
9	36 — cendres d'os.....	26.420	2.120	53 »	195	»	142 »
10	36 — os concas. et chauf.	30.200	5.900	147.50	240	»	92.50
11	10 — potasᵉ carbonatée	24.700	400	10 »	270	»	260 »
12	40 — cendres de bois..	26.480	2.560	64 »	150	»	86 »
13	10 — soda...........	28.580	4.280	107 »	150	»	43 »
14	10 — sel de cuisine....	29.520	5.220	130.50	90	40.50	»
15	100 — chaux vive......	28.620	4.320	108 »	90	18 »	»
16	12 — salpêtrᵒ de potassᵉ	34.560	10.260	256.50	315	»	58.50
17	12 — soude nitratée ...	33.800	9.500	237.50	270	»	32.50
18	8 — soude nitratée ... / 8 — sel de cuisine....	35.280	10.980	274.50	240	34.50	»
19	10 — salmiac......... / 10 — sel de cuisine....	37.360	13.060	326.50	315	11.50	»
20	15 — salmiac......... / 18 — os concassés.....	34.420	10.120	253 »	390	»	37 »
21	18 — os concassés..... / 5 — potasse (carbon)..	25.480	1.180	29.50	255	»	225.50
22	18 — os concassés..... / 6 — soude nitratée...	28.300	4.000	100 »	255	»	155 »
23	11 — guano.......... / 5 — potasse (carbon.).	30.860	6.560	164 »	270	»	106 »
24	6 — soude nitratée... / 8 — superphosphate.. / 5 — potasse carbonatᵉ	31.680	7.380	184.50	270	»	85.50

Souvent de la potasse, portée aux champs en automne ou en hiver, a rendu d'excellents services, tandis que la même quantité, portée au printemps sur les mêmes champs, a nui à la croissance et au développement des Betteraves et en a diminué la qualité.

La frayeur des anciens fabricants de sucre pour tous les engrais chimiques consistant en kali, sels et salpêtres, a disparu, grâce à Dieu. Quoiqu'il ne soit pas bon non plus de fumer les champs avec du purin, il faut dire pourtant qu'on fume en général trop peu les champs destinés à la culture de la Betterave, et on doit mettre au compte de la pauvreté du sol bien des récoltes manquées, comme aussi bien des dégâts causés par les vers. Si le terrain est vigoureux, les plantes, trouvant dans leur jeunesse à s'assimiler la nourriture qu'il leur faut pour se développer fortement, résistent bien plus énergiquement à toutes les intempéries et aux dégâts des parasites que ne le font les plantes qui ne trouvent qu'une nourriture chétive.

Tout l'art, disons l'*Alpha* et l'*Oméga*, de la culture de la Betterave, consiste en ceci : *obtenir des Betteraves mûres*, et pour cela le fumier est parfois un puissant auxiliaire, surtout l'engrais chimique facilement assimilable, comme le salpêtre du Chili, le kali et le guano du Pérou. Si la plante se développe rapidement au printemps par le moyen de ces fumures, elle est déjà mûre en septembre ou au commencement d'octobre. Dans tous les cas, chaque cultivateur qui fait des Betteraves pour la fabrique, devrait employer une aussi grande quantité de superphosphate que des autres engrais azotés. Il faudrait en mettre, par conséquent, dans chaque fumure faite avec du fumier de ferme, au moins 200 kilos par hectare ; par là on assure une maturité précoce de la Betterave. Le plus souvent le fumier de ferme nuit, si le printemps est sec, et par conséquent le fumier reste dans la terre sans se décomposer. Quand il arrive alors au milieu de l'été ou au commencement de l'automne une période de pluie, la plante rejetonne dans le fumier de ferme qui se décompose rapidement, elle grandit toujours avec des feuilles vertes et luxuriantes, donne de grands produits en poids, elle est chargée de sels et de pectine et ne vaut rien pour le fabricant de sucre. Celui donc qui est forcé de cultiver les Betteraves sur fumure fraîche de ferme, doit mettre en terre le fumier en automne ; tout au plus peut-il attendre jusqu'au mois de décembre. C'est ainsi que la fumure augmente la quantité de la récolte sans nuire à la qualité. Celui qui emploie pour la culture des sels de potasse fera bien de les répandre en hiver sur le gros du labour, parce qu'alors le chlorure de soude, qui entre dans la plupart des alliages de potasse, devient inoffensif pour la Betterave. On fait encore actuellement des expériences pour savoir si les sels de potasse offrent un moyen de destruction des animaux parasites qui attaquent la Betterave. Plusieurs expériences antérieures sembleraient presque confirmer cette supposition. En tout cas, la Betterave a besoin, pour bien prospérer, non seulement d'une bonne culture, mais encore d'une grande vigueur ancienne et nouvelle dans le sol. A cause de cela, les propriétaires de fermes disposant de peu de fumier ne devraient pas faire de Betteraves pour les *vendre*; car la culture des Betteraves *à fourrage* peut seule améliorer une propriété pauvre en fumier. A ceux donc qui nous répondront : « Si nous ne fumons plus avec du fumier de ferme les champs destinés à la Betterave à sucre, nous ne récolterons pas de Betteraves, » nous répliquerons à notre tour : « Il vaudrait bien mieux, en attendant, ne pas faire de Betteraves pour la fabrication du sucre, et améliorer votre terrain jusqu'à ce qu'il puisse produire de 140 à 180 quintaux de Betteraves par arpent (560 à 720 quintaux [quintal de 50 kil.] par hectare), sur deuxième fumure, avec addition d'une quantité suffisante de salpêtre du Chili. »

Les Betteraves grandissent le mieux et sont le plus riches en sucre, sur deuxième fumure avec supplément de salpêtre du Chili et de phosphate fait à temps, après les seigles et avoines ; mais on peut les cultiver aussi avec avantage après les froments et les pommes de terre.

Une culture de Betteraves qui demande chaque année un tiers et plus des terres, est une exception, elle est absolument impraticable à la longue, par exemple, sur la moitié de ces terres.

Si, à côté d'autres terrains où on peut cultiver la Betterave, on possède un champ excellent pour cette plante, et si on veut à toutes forces faire des Betteraves sur la moitié de ce champ, voici l'assolement qui conviendrait le mieux :

1° Céréales d'hiver, forte fumure ;

2° Betteraves ;

3° Betteraves avec fumure de compost ;

4° Avoines, forte fumure ;

5° Betteraves avec engrais chimiques ;

6° Pois, vesces, semences d'été, etc.

Si dans cet assolement on fait des Betteraves après des Betteraves, c'est un inconvénient et une preuve que par la culture de la *moitié* des champs on a bien dépassé les bornes d'une méthode rationnelle. En général, nous ne pouvons que conseiller de ne pas cultiver des Betteraves après des Betteraves, car cette plante est une de celles dont la culture ne peut pas être répétée. Un autre inconvénient consiste en ce que la culture répétée de la Betterave favorise d'une manière effrayante la multiplication des ennemis de cette plante, vers et nématodes ; en sorte que la réussite de la récolte est compromise, même pour l'avenir. Ce n'est qu'au moyen d'un correctif opéré par un mélange de compost bien calcaire (écume de défécation), que les parasites ne semblent pas beaucoup aimer, qu'on a réussi à obtenir temporairement, avec cet assolement, des Betteraves bonnes et riches en sucre.

Si on veut faire des Betteraves sur un tiers de sa propriété consistant, par exemple, en un domaine de fabrique, ce que nous conseillerions plutôt pour différents motifs, l'assolement suivant pourrait être adopté, vu que dans ce cas le but principal est d'obtenir une grande quantité de bonnes Betteraves :

1° Céréales d'hiver, forte fumure ;

2° Betteraves ;

3° Orge, demi-fumure ;

4° Betteraves ;

5° Blés d'été, demi-fumure ;

6° Trèfle ;

7° Céréales d'hiver, forte fumure ;

8° Betteraves ;

9° Plantes en jachère, comme pois, haricots, vesces, etc.

Ce genre d'assolement existe dans beaucoup de propriétés appartenant à des fabricants de sucre, dans la province de Saxe. Quand on fait en grand la culture de la Betterave, on ne doit pas cultiver d'avoine, parce qu'elle favorise extraordinairement la multiplication des nématodes.

En employant cet assolement, on satisfait pleinement aux exigences que demande une propriété avec fabrique et on obtient le plus haut revenu. Le fumier est facile à obtenir, parce que les feuilles de Betteraves, crues et salées, et les pulpes obtenues par la quantité de Betteraves livrent une grande quantité de fourrage ; une fabrique de sucre livre également chaque année à ses champs des milliers de charretées de fumier sous la forme d'excellent compost, lequel contient précisément toutes les substances minérales dont la Betterave a besoin pour prospérer. Ces dernières doivent naturellement être traitées avec soin et être mêlées avec de la chaux vive, afin de détruire les nématodes qu'il pourrait y avoir. De telles exploitations permettent de cultiver avec avantage une plus grande quantité de Betteraves que d'autres qui doivent s'améliorer par elles-mêmes ou bien par la bourse de leurs propriétaires.

En ne cultivant qu'un quart de ses terres avec des Betteraves à sucre, on obtient un très bon résultat avec le système d'assolement à quatre récoltes, et comme il suit :

1° Céréales d'hiver ;

2° Betteraves ;

3° Céréales d'été ;

4° Trèfle et plantes de jachère.

On peut, pour plus de commodité et à cause de la culture du trèfle, diviser ces quatre saisons en deux sous-divisions; par conséquent en huit récoltes.

Quand on a récolté, en été, les céréales d'hiver ou les orges, on commence les labours des champs destinés à la Betterave et on les laisse reposer en sillons non dégrossis. Par là le terrain est bien exposé à l'influence de l'air, ce qui est bien plus nécessaire pour la culture de la Betterave que pour celle de toute autre plante, parce qu'on obtient ainsi un sol meuble et léger qui est une condition essentielle pour la levée régulière des Betteraves.

Le *Cultivateur pratique de la Betterave* indique, page 37, une méthode qui consiste à travailler les champs avec l'extirpateur après la récolte des céréales. Cette manipulation toutefois ne paraît applicable que dans les provinces Rhénanes, où, d'après les observations du docteur Grouven, le sol est si friable, si meuble et à tant de profondeur que cet instrument peut y être employé avec succès.

Dans les contrées où on cultive le plus la Betterave, en Saxe (Brunswick, Anhalt), en Autriche, en Silésie, en Russie, on ne pourrait employer que rarement cet instrument en dix ans et dans des circonstances exceptionnellement favorables. Voilà pourquoi nous recommandons, pour ces terrains-là et autres semblables, de labourer de bonne heure, ce qui est bien préférable à l'emploi de l'extirpateur et ce qui est presque toujours possible. Ce que dit d'ailleurs le *Cultivateur Pratique* au sujet de la culture de la Betterave est au-dessus de tout reproche, et nous ne pouvons que conseiller à tout cultivateur de Betteraves de se procurer ce livre, car c'est un ouvrage excellent pour les cultivateurs de Betteraves ou ceux qui veulent le devenir.

Quand, en octobre, le temps de la semence d'automne est passé, on laboure, pour la deuxième fois, le champ destiné aux Betteraves, et on le fait, si c'est possible, à une profondeur de dix à seize pouces. Le meilleur instrument pour cela est la défonceuse à quatre chevaux de Sack.

Dans la contrée de Magdebourg et de Brunswick, la charrue dite de Wanzleben, est beaucoup employée; en général, on a fait de grands perfectionnements en fait de charrues, dans ces derniers dix ans. Nous avons eu récemment l'occasion d'essayer une charrue de Katter, laquelle, avec ses deux socs, fournit un travail excellent. La construction et le nom de ces charrues sont très divers, comme aussi leur genre de travail, et chaque agriculteur doit choisir celle qui convient le mieux à la nature de son terrain.

Depuis quinze ans, les instruments destinés à la culture des champs de Betteraves, notamment la herse à sarcler, le rouleau annulaire et les semoirs, se sont infiniment perfectionnés; nous devons ces perfectionnements de construction et beaucoup d'autres encore, à l'Anglais Garret, au fabricant de machines F. Zimmermann, de Halle, comme aussi à Rodolphe Sack, de Plagwitz, près Leipzig. D'autres constructeurs de machines agricoles, en Allemagne, se sont également appliqués à produire de bons intruments. De sorte que les instruments agricoles ont atteint, dépassé même, la culture à la bêche.

Défoncer la terre avec la bêche est une méthode extrêmement recommandable pour la culture de la Betterave, et elle donne des rendements incroyables. On a des exemples qu'un arpent de terre foui à deux pieds de profondeur ait produit 80,400 kilos de Betteraves à sucre à l'hectare dans une seule récolte, pour laquelle on avait employé 24 quintaux de compost de fabrique comme engrais, soit 40,000 kilos à l'hectare.

L'année d'après on récolta sur le même champ, et sans fumure, 35,000 kilos de Betteraves à sucre. Ce sont là des résultats qui recommandent beaucoup le défoncement à la bêche. Tout cultivateur devrait travailler ainsi le plus possible ses champs, vu que la première récolte en Betteraves couvre richement les frais qu'on fait et qui s'élèvent de trois à quatre cents francs par hectare. Il faut bêcher la terre en automne ou en hiver, afin que le terrain puisse fortement geler. Quand on a labouré ou bêché le sol en automne, il faut le laisser reposer pendant l'hiver sur gros labour et pratiquer beaucoup et de bonnes rigoles.

Si on a un hiver normal, le terrain profondément retourné gèle, et le soleil du printemps le transforme en un sol meuble et friable. On n'a donc besoin, par un temps normal, que de herser en long et en large au commencement de mai. Là où la herse ne prend pas, il faut employer l'extirpateur. On a ensuite à passer le rouleau pour unir le terrain et le préparer à l'ensemencement. Si, au printemps, il y a dans le champ beaucoup d'herbes, ou si le terrain est devenu trop dur en hiver et s'est trop fortement resserré, il est bon d'employer l'extirpateur, la herse à cuiller ou rhomboïdale.

Si l'hiver a été très humide et peu froid, si à cela il s'ajoute un printemps humide, le terrain reste pâteux et se couvre d'une croûte épaisse; si cette croûte n'est pas trop compacte, l'extirpateur d'abord et la herse ensuite, peuvent bien remettre en ordre le terrain. Si on doute du succès, on fera bien, à la fin d'avril ou au commencement de mai, de labourer ce terrain trop ferme, ne serait-ce qu'à quinze centimètres de profondeur, de le herser ensuite et enfin de passer le rouleau. Beaucoup d'agriculteurs sont même d'avis qu'un labourage au printemps augmente considérablement le rendement de la Betterave. Nous ne saurions être du même avis en toutes circonstances, et ce procédé n'est à recommander que pour les terrains pâteux et trop compactes. Si, par contre, le sol est meuble et tendre, il faut laisser de côté la charrue, car les mottes qui se forment au printemps restent en cet état pendant l'hiver, et les racines des plantes ne peuvent y pénétrer pour en absorber le contenu.

VIII. — Ensemencement.

L'époque la plus favorable pour ensemencer la Betterave est entre le 20 avril et le 15 mai. Toutefois, si les circonstances l'exigent autrement, cette règle souffre une exception, car les nuits de Saint-Pancrace et de Saint-Gervais nuisent souvent aux jeunes plantes.

On ne doit pas généralement recommander de mouiller la graine avant l'ensemencement, surtout si on le fait jusqu'à la laisser germer. Si en effet le temps est sec pendant ou après l'ensemencement, les graines fortement trempées ou en germe sont perdues. Aussi est-il plus sûr de mettre en terre la graine sèche ; si le terrain est trop sec pour qu'elle puisse germer aussitôt, elle le fera sûrement après la première pluie. De Tautphoeus a fait de nombreuses expériences sur l'influence qu'exerce la semence, trempée de différentes dissolutions de sels, sur la germination et le premier développement des jeunes plantes. Il trouva que la puissance germinatrice se conserve mieux dans l'eau fraîche, et qu'elle diminue en raison directe de la concentration des dissolutions salines dans lesquelles on met la graine. On a même proposé de différents côtés de faire tremper la semence dans des dissolutions d'engrais chimique, mais on ne doit le faire que dans des dissolutions extrêmement raréfiées (0,5 pour cent) et avec la plus grande précaution. En France et en Belgique on a dû complètement renoncer à ce procédé, parce que la puissance germinatrice de la semence était tellement déprimée par le mélange humide, même sec, d'engrais chimiques qu'on avait à déplorer la perte de beaucoup de récoltes. La méthode de donner à la Betterave, aussitôt après l'ensemencement, de la nourriture, est donc aussi routinière que la plupart des autres, suivies par nos braves paysans.

Si on prévoit sûrement un temps humide, la méthode de faire tremper la semence favorise essentiellement la levée et le développement des Betteraves ; et le cultivateur qui s'entend à faire lever vite et régulièrement ses Betteraves à sucre, est déjà assuré d'une demi-récolte.

L'ensemencement se pratique actuellement presque partout au moyen d'une machine, et à cet effet nous recommandons celle de Garret, celle de Kuster, déjà mentionnée, ou bien celle de Sack. (V. au chap. des machines.) L'ensemencement à la main n'a plus lieu maintenant, à l'exception des champs d'expérience où elle est préférable à cause de l'égalité des rayons de végétation qu'on veut obtenir. Par un ensemencement bien conduit avec la machine, on peut presque toujours s'assurer une bonne récolte, parce que la Betterave, une fois levée, ressemble, pour sa vitalité, aux mauvaises herbes, et est tout aussi insensible aux influences contraires de la température ou autres que le chiendent. Qu'on prenne bien garde en ensemençant la graine de Betterave de ne pas la ménager. L'avarice en ce point a souvent causé des récoltes manquées. Pour un hectare de terrain, il faut au moins de 30 à 35 kilos de semence ; et si on veut opérer plus sûrement, on peut mettre jusqu'à 40 kilos par hectare. Comme *criterium* d'un ensemencement complètement réussi, il faut qu'il soit possible de couper les lignes des plantes qui ont grandi serrées et régulières, en y passant le sarcloir à cheval en travers pour les mettre en distance. Nul homme n'est en état de placer les plantes aussi régulièrement que le fait une machine convenablement arrangée. Ce n'est que par elle qu'il est possible de garder, sur les lignes, les distances déterminées. Une forte semence de 40 kilos par hectare est par conséquent une condition nécessaire pour quiconque veut récolter des Betteraves en quantité suffisante.

Plus on sème de bonne heure, et plus fort doit être l'ensemencement, parce que les graines mises en terre de bonne heure y restent plus longtemps avant de germer et de lever, et par conséquent ont plus à souffrir de la part des vers ; les froids de la nuit nuisent également plus aux jeunes Betteraves clair-semées qu'à celles qui sont bien serrées les unes contre les autres.

Ensemencées au moyen de machines, nous l'avons déjà dit, les Betteraves poussent plus vite et plus sûrement que ensemencées avec la main. La raison en est que la machine a toujours la même profondeur et fournit toujours la même quantité de semence ; tandis que les mains de tant de personnes diverses, parmi lesquelles il y en a toujours sur qui on ne peut pas se fier, déposent la semence tantôt trop profondément, tantôt pas assez, tantôt entre des mottes, tantôt en trop grande et tantôt en trop petite quantité.

Les fabricants de machines ont construit un semoir de telle sorte qu'il sème la graine par touffes, et la dépose par conséquent juste au point désiré ; cette machine qui sème en bouquets, mérite quelque considération. L'ensemencement de la Betterave par touffes et par intervalles a été à la mode, et puis la mode en a passé. Maintenant on préfère de beaucoup une disposition serrée des Betteraves, à cause du contenu en sucre, à un arrangement régulier, mais plus distancé ; on sème plutôt en ligne set très fortement, afin d'être en état, en plaçant les Betteraves, de les mettre très serrées en ligne, généralement à une distance de 25 centimètres dans les lignes si ces dernières ont 45 centimètres entre elles. Nous avons reproduit plus haut (fig. 10) un semoir en ligne de Sack de 6 à 33 lignes sur 3 mètres. Il exige de deux à trois chevaux et ensemence de 7 à 8 hectares par jour. Cette machine est particulièrement destinée aux grandes propriétés.

Les semoirs en ligne sont trop connus pour que nous en parlions beaucoup ici ; on peut aussi s'en servir comme semoirs à intervalles, en se procurant l'appareil nécessaire pour cela.

Mais en général nous ne conseillons pas de semer par intervalles ; car si, avec des lignes de 45 centimètres d'espacement et des intervalles de 25 à 40 centimètres, les graines de Betteraves tombées en touffe sont dévorées par des insectes, il en résulte aussitôt un grand espace vide; et comme les Betteraves clair-semées ont toujours moins de valeur pour le fabricant de sucre que celles qui sont bien rapprochées, il s'ensuit que l'ensemencement par intervalles a pour nous de nombreux inconvénients. Le démariage des Betteraves semées en bouquet n'est pas toujours chose si facile ; le sujet isolé qui reste de la touffe, souffre facilement dans cette opération. Un bon ensemencement en lignes, avec 30 à 40 kilos de semence par hectare, offre bien plus de garanties qu'un ensemencement par intervalles.

Avant tout, quand on ensemence avec la machine il faut bien faire attention que les lignes soient également écartées et bien droites; car les Betteraves en lignes sont pour la plupart du temps sarclées avec la machine, et pour cela il faut que les lignes n'aient pas de courbe, mais soient comme tirées au cordeau, sans quoi les plantes sont facilement coupées, ce qui produit des vides désagréables. Or, les Betteraves clair-semées ont à coup sûr moins de valeur pour le fabricant de sucre que celles qui ont grandi régulièrement.

IX. — Sarclage et démariage des champs de Betteraves.

Dès que les Betteraves sont levées, on doit se hâter de les sarcler, bien même qu'il n'y ait pas d'herbes visibles sur le sol, quoique la plupart du temps elles apparaissent plus tôt que les Betteraves; souvent en effet un sarclage fait à temps favorise essentiellement la levée des Betteraves. Si on pouvait les sarcler une deuxième fois avant de les démarier, ce serait un très grand avantage. Mais qu'on ne retarde pas pour cela le démariage des Betteraves, *car plus cette opération est faite à temps, plus on augmente le rendement;* les démarier trop tard, par contre, c'est gâter souvent les champs les plus luxuriants et s'exposer à une récolte mauvaise. On a des cas où sur un seul et même terrain, les Betteraves démariées huit jours avant les autres donnèrent un rendement en plus de 40 quintaux par arpent.

Aussitôt que les plantes ont des racines grosses comme un brin de paille ou fortes au plus comme le tuyau d'une plume d'oie, il est grand temps de les démarier; et comme on ne peut pas pousser vite ce travail, il vaut mieux commencer un peu plus tard. Malheureusement on ne voit que trop fréquemment des champs de Betteraves où les plantes grandies par touffes couvrent tout le champ. De telles Betteraves deviennent naturellement malades, comme elles le sont toujours après avoir été démariées, surtout si le temps devient sec, parce que les radicelles, même celles des plantes qui restent, se déchirent en partie, sans parler de la force que les plantes qu'on doit arracher enlèvent inutilement. *Démarier les plantes à temps est donc une des vertus capitales d'un bon cultivateur de Betteraves.*

On ne démarie les Betteraves qu'avec la main ; ce qu'il y a de mieux c'est la main d'enfants de 10 à 16 ans, vu que les grandes personnes ne supportent pas facilement d'être longtemps courbées. Les enfants y emploient les deux mains, et celui qui les surveille ne doit jamais tolérer qu'ils fassent ce travail d'une seule main. On s'y prend comme il suit : avec la main gauche on tient ferme la meilleure plante qui est généralement d'un côté de la touffe ou bien dans la ligne, et on la courbe de côté vers la terre ; avec la main droite on saisit tout le reste de la touffe et on fait à droite, le long de la terre, un mouvement en forme de vis pour la tirer, en sorte que les plantes se séparent lentement de celle qui reste sur pied. Celui qui tire verticalement, ou ne se sert que d'une seule main, arrache presque toujours toute la touffe, en sorte qu'il n'en reste aucune sur pied. Un tel ouvrier peut causer bien du dommage en un jour. Couper les petites plantes, au lieu de les arracher est une méthode complètement inadmissible, parce qu'il se forme une quantité d'insectes dans les restes des petites racines qui pourrissent.

Après avoir démarié les Betteraves, il faut les sarcler aussitôt et ne pas attendre que les jeunes plantes s'aident elles-mêmes ; car celles qui ont été mises en terre d'une manière peu solide ont un besoin pressant que le sarclage leur vienne en aide.

D'après cela, il faut faire suivre les troisième et quatrième sarclage de quinze en quinze jours, sans attendre que les mauvaises herbes rendent cette opération nécessaire. Lors même que les herbes ne pousseraient pas du tout, il faudrait pourtant sarcler. *Il faut sarcler le champ, pour le sarclage même et non à cause de l'herbe ;* car le but à atteindre est de rendre le terrain meuble et accessible à l'influence de l'air. Généralement on ne sarcle les Bette-

raves que trois fois; on croit que cela suffit, mais bien à tort; car il faut les sarcler *cinq fois*, pour le moins quatre fois, pour obtenir une récolte pleine et vigoureuse. On a des exemples où le quatrième sarclage a produit de 12 à 15 quintaux, et le cinquième de 8 à 10 quintaux en plus du rendement obtenu après le troisième sarclage. La fig. 23 repré-

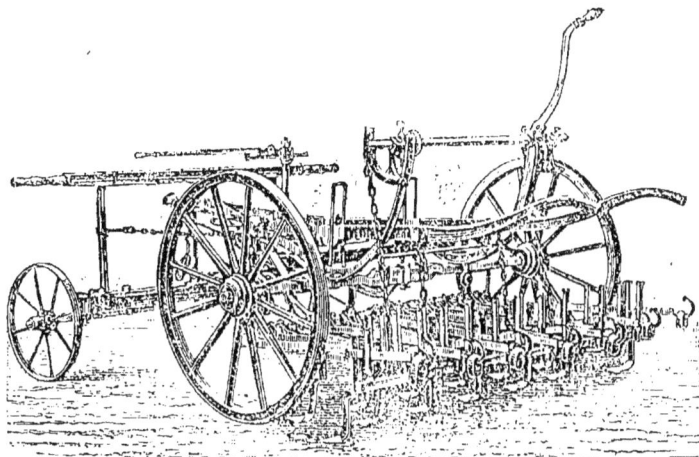

Fig. 23

sente une machine universelle à sarcler de Zimmermann. Elle donne la plus grande latitude à la diversité de l'éloignement des lignes. Dans la figure, la machine est montée avec des couteaux à sarcler le blé.

On sarcle aussi les Betteraves seulement en apparence pour en éloigner les herbes; mais le sarclage ne doit généralement avoir lieu que pour rendre le terrain meuble et pour lui conserver la fraîcheur pendant l'été. Il y a malheureusement encore des agriculteurs qui pensent qu'un sarclage réitéré pendant la sécheresse fait disparaître l'humidité du sol. Mais ces messieurs ont peu étudié les propriétés physiques du sol et ignorent que le terrain ne sèche que parce qu'il est comme collé et agglutiné, et que dès que par le sarclage on a rendu le sol meuble et semblable à de la poussière, il cesse aussitôt de sécher, parce que les rayons

de soleil et le vent ne peuvent plus arriver à l'humidité
intérieure et que la terre menue est une couche mauvaise
conductrice de l'eau. Ce sont des expériences que nous avons
faites, et nous désirerions qu'on tentât des essais là-dessus,
lesquels conduiraient bientôt au résultat désiré, à savoir
que c'est précisément par un sarclage réitéré pendant les
sécheresses de l'été que l'humidité se conserve dans le sol.

Le quatrième et le cinquième sarclages ne coûtant pas
plus de 8 francs par hectare le produit direct qu'on en
retire est évident, sans compter les autres avantages.

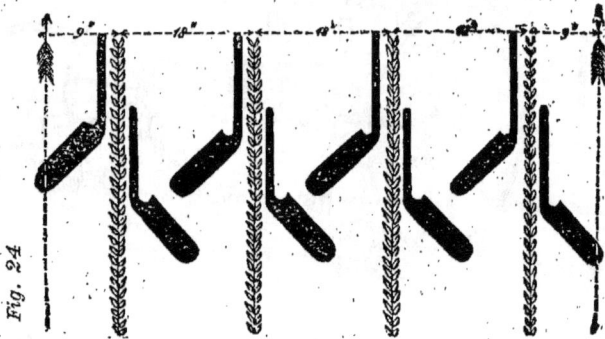

Fig. 24

Généralement, les cultivateurs de Betteraves sont trop
économes ; ils donnent trop peu aux ouvriers, et par suite
ils n'en trouvent pas ; ainsi ils ne peuvent pas commencer
le sarclage à temps, ou bien ils s'imaginent qu'il est inutile
de sarcler plus de trois fois. Quand les Betteraves sont
luxuriantes, les grandes feuilles ne permettent plus au commencement de juin, de sarcler davantage, ces messieurs
ont par là un bon prétexte de suspendre ce travail.
Dans les Betteraves luxuriantes, plantées bien serrées, on
ne voit plus d'herbes ; mais dès que les Betteraves perdent
leurs feuilles en automne, le sol est couvert de mauvaises
herbes de toute sorte, sans en excepter même le chiendent.
Où reste donc la purification tant vantée du sol par la culture de la Betterave ? Bien plus, l'utilité des premiers sarclages devient par là imaginaire.

Nous donnons ici un exemple, pris dans la pratique, et dont se rapprochent presque toutes les expériences réitérées, quand elles ne sont pas plus favorables aux sarclages postérieurs, ce qui est décidément le cas, si les premiers sarclages se succèdent rapidement. Sur un sol complètement homogène on sarcla de une à cinq fois, cinq parcelles de Betteraves situées les unes à côté des autres ; les intervalles étaient plus longs pour celles qui avaient moins de sarclages que pour celles qui en avaient davantage, en sorte que par exemple le troisième sarclage fut fait sur le n° 3, en même temps que le cinquième sur le n° 5, ce qui avait lieu en faveur des parcelles moins sarclées, et cependant celles-ci donnèrent, par hectare, le rendement suivant :

1 sarclage par hectare = 15,920 kilos.
2 — — = 18,252 —
3 — — = 24,371 —
4 — — = 28,145 —
5 — — = 29,480 —

Dans les autres expériences, les Betteraves sarclées une seule fois ne donnèrent presque aucun rendement et rarement il dépassa 100 quintaux par hectare. Si nous considérons que la qualité des Betteraves sarclées plus souvent est bien supérieure, personne ne pourra plus rester dans le doute sur le nombre de sarclages qu'il doit faire. Actuellement, où tous les travaux de sarclages se font à l'aide de la machine, l'ouvraison des Betteraves est facile et à bon marché, et on fait bien, après le dernier sarclage, de butter encore les plantes à l'aide de la machine.

Une fois le sarclage terminé, la Betterave ne demande plus aucun soin ; car, mieux que toute autre plante cultivée, elle résiste aux influences de la chaleur, du froid, de la sécheresse et de l'humidité.

X. — Maturité de la Betterave à sucre.

Avant la mi-octobre on ne devrait commencer la récolte qu'autant qu'on a besoin de matière première pour la fabrique. C'est précisément l'été de la Saint-Martin qui est la meilleure période pour la formation du sucre ; et si la Betterave ne grandit plus, le poids et la pureté de son jus augmentent encore alors considérablement.

Le manque seul d'ouvriers peut excuser celui qui commence sa récolte entière au commencement d'octobre. Mais celui qui récolte en septembre plus de Betteraves qu'il ne lui en faut pour la fabrication, celui-là est un grand ennemi de sa bourse.

Si Messieurs les cultivateurs et fabricants, au lieu d'être avares de leur argent et de ne payer que six marcs par arpent pour faire enlever les Betteraves, pouvaient se résoudre à payer huit à dix marcs en retardant leur récolte de quinze jours, les Betteraves gagneraient encore beaucoup et ils obtiendraient par là de un à deux quintaux de sucre en plus par arpent.

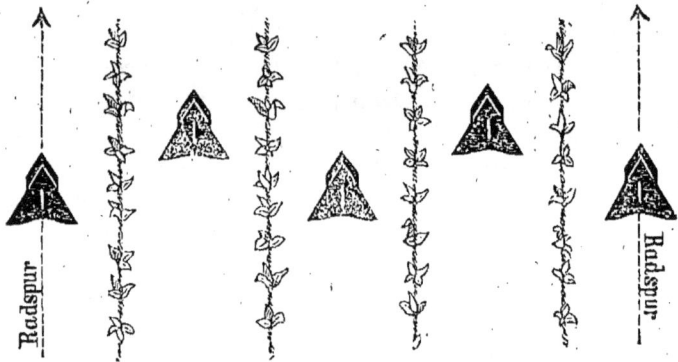

Fig. 25

Nous connaissons des cas où une fabrique perdit, dans une récolte, 60,000 marcs sur 100,000 quintaux environ de Betteraves par le seul fait de commencer la récolte entière à la mi-septembre, époque où une minime partie des Betteraves étaient mûres. Les Betteraves récoltées plus tard sur le même champ donnèrent deux pour cent de sucre en plus et se conservèrent admirablement dans les silos, tandis que celles qui avaient été récoltées trop tôt étaient plus pauvres en sucre et commencèrent à pourrir en décembre. On ne saurait donc trop recommander d'attendre la maturité complète de la Betterave avant de commencer la récolte ; souvent, en effet, il suffit de trois journées chaudes en octobre et de trois nuits froides pour donner aux Betteraves la maturité nécessaire et la qualité requise.

La maturité complète de la Betterave est facilement reconnaissable pour un œil exercé ; alors la couleur gris-foncé des feuilles, se perd pour faire place à une apparence claire et gris-jaune.

Si on considère isolément les Betteraves dans ce but, on trouvera que le tiers des feuilles est fané et pend, attaché par des filaments desséchés au collet, ou même qu'elles sont déjà tombées. Le cœur seul est encore pourvu de feuilles fraiches jaune-vert.

On procède encore plus sûrement dans cet examen de la maturité des Betteraves, si on se sert de l'appareil de polarisation, et si on ne déclare la plante pour mûre que lorsque son contenu en sucre n'augmente plus. D'après cela, il est bon de récolter d'abord les Betteraves dans les endroits du champ où elles sont mûres, et en dernier lieu, peut-être au commencement de novembre, dans les endroits où elles sont vertes.

XI. — Récolte de la Betterave à sucre.

Dans la récolte de la Betterave, il y a un point essentiel ; c'est celui-ci : sitôt tirées de terre, il faut les remettre en terre, c'est-à-dire dans les silos, car il est démontré que des Betteraves exposées pendant 24 heures à l'air chaud de l'automne laissent évaporer de 6 à 8 pour cent d'eau. Des Betteraves, conservées dans un endroit sec et obscur, laissèrent évaporer, en trois jours, 16 0/0 d'eau, et en trois autres jours encore, 6 0/0 ; total 22 0/0 d'eau. Cela semble incroyable, et pourtant il est très facile d'en constater la vérité. Puisque, d'après les expériences faites dans notre laboratoire, le pour cent du contenu en sucre du jus qui reste ne monte pas d'une manière correspondante, il faut bien admettre que dans l'évaporation de l'eau, la constitution du jus a éprouvé des transformations chimiques. Ce sont des transformations rétrogrades dont les produits opposent un obstacle à la cuite du jus de ces Betteraves.

Cette évaporation rapide de l'eau dans la Betterave a donc un double inconvénient pour le cultivateur aussi bien que pour le fabricant. Le cultivateur perd considérablement en poids, et les Betteraves fanées se gâtent dès qu'elles sont mises au silo. Le fabricant ne gagne rien à ce que ces Betteraves fanées soient plus légères et que par suite il ait moins d'impôts à payer ; car elles sont plus difficiles à travailler que celles qui sont fraîches et pleines de jus.

L'expérience démontre que si, en récoltant les Betteraves, on néglige de les mettre en terre tout de suite, des milliers de francs se perdent inutilement, sans compter que cette négligence est cause qu'il s'en pourrit annuellement dans les silos pour beaucoup d'autres milliers de francs et que la moins-value en sucre atteint des millions ; car en ce cas ce n'est pas seulement la valeur de la Betterave, mais surtout celle du sucre qui joue le rôle principal.

Plus les Betteraves sont donc humides et fraîches quand on les récolte et les ensilote, plus elles pèsent et mieux elles se conservent. Disons ici également un mot d'une autre méthode de conservation, qui malheureusement a été trop méconnue jusqu'ici ; elle consiste à mettre les Betteraves dans les silos mêlées avec de la terre et à les fermer hermétiquement. Probablement cette méthode sera, dans l'avenir, préférée à toutes les autres, car le rendement en plus de cette opération difficile de les mettre en silo et de les en retirer ne s'élève qu'à trois centimes par quintal. Les Betteraves qu'on désire travailler en février ou mars, devraient pour le moins être mises en silo de cette façon. Voici la manière de procéder :

Dans l'endroit aplani et arrangé pour un silo — à un demi-pied ou un pied de profondeur dans la terre — on met une couche de Betteraves haute d'un pied. Sur cette couche, on

répand six pouces de terre et ainsi de suite jusqu'à ce que
le silo soit rempli. Après cela, on recouvre le silo tout
entier de deux pieds et demi de terre. Si le temps est très
sec et que la terre qu'on veut mettre entre les Betteraves
ne soit pas fraîche ni humide, on fera bien, après avoir mis
les six pouces de terre, d'arroser chaque fois fortement avec
de l'eau, afin que les Betteraves soient complètement enfermées dans le limon. *Des Betteraves ainsi abritées peuvent
rester de six à sept mois dans la terre sans éprouver de
changement considérable.*

Une méthode fausse et à répudier, mais malheureusement très répandue, consiste à ne mettre d'abord que six
pouces de terre sur les Betteraves, afin d'en avoir plus tôt
fini, de sorte qu'elles sortent en plusieurs endroits au-dessus
de la terre. Cette manière d'opérer laisse pénétrer, dans les
silos, l'air de toutes les températures, et les jours chauds
de l'automne font que les Betteraves bourgeonnent. *De petits
silos* de 50 à 80 quintaux *et recouverts de terre, de manière
à empêcher la pénétration de l'air,* voilà la bonne méthode
de récolte et de conservation.

Avant de quitter ce sujet si important pour la culture de
la Betterave, nous dirons encore un mot d'une autre méthode
de conservation qui consiste à recouvrir les Betteraves
avec de la paille d'abord, et de la terre ensuite, par dessus.
On pourrait, à la rigueur, excuser ce procédé à l'égard de
la Betterave fourragère, mais pour la Betterave à sucre,
c'est une grosse faute; car l'évaporation des Betteraves
humecte aussitôt la paille, l'échauffe, et cette odeur de
putréfaction se communique bientôt à tout le silo. De plus,
sous la paille, la Betterave est trop chaude et elle grandit ou
bien elle étouffe dans son propre jus. Des Betteraves ainsi
conservées donnent toujours un rendement en sucre minime
et le sucre en est foncé et mauvais. L'avantage minime
qu'il y a à ne pas mettre autant de terre est doublement
contrebalancé par les frais de la paille et les inconvénients
déjà cités.

Le *Cultivateur pratique* décrit, page 105 à 107, la construction d'un grand silo, dont les côtés intérieurs doivent
être recouverts, non de terre, mais de paille. Tout l'amé-
nagement de ce silo, de même que l'enlèvement des Betteraves du champ, tout cela est tellement contraire aux règles
de la conservation de la Betterave, que nous ne saurions
nous empêcher de conseiller fortement de ne jamais l'employer, vu que le seul résultat final se chiffrera imman-
quablement par des pertes sensibles; sans compter que
pour le cultivateur de Betteraves, la paille est un article
assez précieux et rarement en abondance.

Dans ces sortes de silos, en partie non recouverts de
terre, les Betteraves sont continuellement exposées aux
influences de la température, à la sécheresse, à l'humidité,
à la chaleur, au froid; en sorte qu'une altération de leur
substance, aux dépens du sucre qu'elles contiennent, est
inévitable.

Par ce procédé de conservation, on viole également le
premier principe de la récolte, c'est-à-dire: *de la terre,
dans la terre;* car on perd de dix à seize, même vingt
heures, à charger, décharger et mettre en terre; pendant
ce temps, sans tenir compte des Betteraves endommagées
par ces opérations, elles restent exposées à l'air d'une
manière qui leur nuit énormément. Pour tous ces motifs,
et vu que les avantages si vantés ne compensent pas les
inconvénients, il vaut mieux conserver les Betteraves dans
la terre là où elles sont nées, afin d'arrêter l'influence
nuisible de l'air et d'empêcher qu'elles ne se fanent.

L'arrachage de la Betterave est trop connu et trop simple
pour que nous ayons besoin d'en donner ici une description
particulière. On ne doit pas se servir des instruments qui
entament l'épiderme de la Betterave outre mesure. Les
endroits atteints sont comme un foyer de décomposition pour
le tissu cellulaire, et c'est de ce foyer, surtout si les Betteraves restent longtemps en silo, que part la pourriture. De
nos jours, où on tend à remplacer la main de l'homme par
les machines, on a construit des instruments mécaniques

pour retirer la Betterave. La *Fig. 26* représente un de ces instruments construit par Zimmermann et Compagnie, à Halle. Il peut, selon les circonstances, rendre de grands

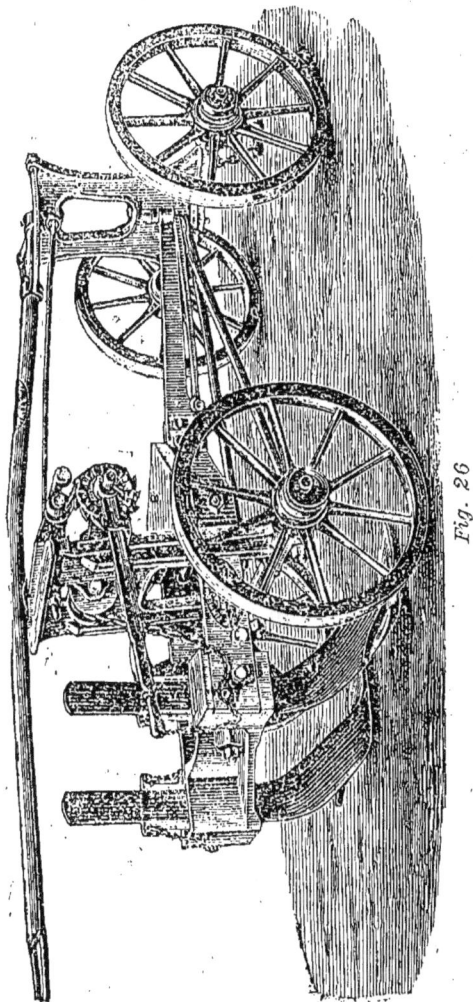

Fig. 26

services. Il détruit l'adhésion de la Betterave à la terre sur deux rangées à la fois, de manière que des enfants peuvent

facilement les tirer. Il doit être attelé à deux ou quatre
bêtes de trait, et en un jour on peut ainsi enlever les Betteraves sur deux hectares de terrain environ. Cette arracheuse
obtint le premier prix au concours de Seelowitz.

XII. — Épuisement du sol par la culture de la Betterave.

Quant aux craintes si souvent exprimées, à savoir *que la
Betterave par une culture trop souvent répétée n'épuise le
sol*, que par conséquent par la Betterave on n'enlève au sol
qu'une chose qui lui est absolument nécessaire pour la
prospérité de la plante et que les fumures ne sauraient
remplacer, on peut dire avec certitude que de telles craintes
ne sont pas fondées et que nous devons les réfuter ici.

Demandons-nous qu'elle pourrait bien être cette chose
dont la disparition de l'intérieur du sol nuirait à la plante.
Nous répondrons que ce n'est ni une substance inorganique,
ni une substance organique; car toutes les substances qui
contribuent à la prospérité d'une plante, nous pouvons
facilement les redonner au terrain par des fumiers de ferme
ou des engrais chimiques. Mais comme nous connaissons
très bien les matières que la Betterave prend au sol en
grande quantité, ces substances sont extrêmement faciles à
remplacer. Ce sont, outre les alliages d'azote, l'acide phosphorique, la potasse et autres sels. Il y a aussi des contrées
où le contenu en potasse ne saurait être jamais épuisé; et
celles-là sont excellentes pour la culture réitérée de la
Betterave, parce que les roches effritées redonnent toujours
au terrain la quantité de potasse nécessaire. Telles sont les
côteaux des montagnes de porphyre dans la province de
Saxe, par exemple près de Wetin, Lœbejuen, etc., et les
montagnes calcaires de la Saale, près de Cœnnern et de
Bernburg, etc.; de plus, les montagnes de chaux Keuprique,
près de Halberstadt et dans le bas Harz; comme aussi
les terrains provenant des formations géologiques pœci-
liennes dans le Brunswick. Il faut mettre encore au nombre

de ces contrées, les montagnes calcaires ondulées de la Haute-Silésie, ainsi que les pentes des montagnes et les plateaux des collines de la Basse-Silésie ; les collines calcaires et marneuses de l'Allemagne du Nord et les montagnes calcaires de l'Allemagne du Sud, de la Hongrie, etc. Les terrains formés de basalte effrité sont aussi très riches en kali et peuvent, par suite, être mis au nombre des meilleurs terrains pour la culture de la Betterave. Il n'est pas à craindre que ces terrains ne s'épuisent, ni que les substances minérales formant la principale nourriture de la Betterave disparaissent. Dans ces contrées abonde, en effet, ce dont la Betterave a besoin pour se développer complètement et pour produire en elle de grandes quantités de sucre.

Pour les terrains pauvres en chaux et en kali, on peut, au moyen d'un fumage de chaux et de potasse tous les cinq ans, faire bientôt disparaître cette pauvreté en chaux, favoriser la formation de sels calcaires et redonner ainsi au sol le kali si favorable à la Betterave ; ce fumage quinquennal doit comprendre 300 quintaux de chaux ou de 12 à 16 quintaux de sels-kalis de Stassfurt par hectare. Les fumages calcaires ont aussi un autre avantage essentiel, auquel on n'a pas donné assez d'attention jusqu'ici. La chaux vive, en effet, a une propension très forte à s'allier avec l'acide carbonique de l'air pour former une chaux carbonatée ; par là elle favorise la pénétration de l'air, facilite la décomposition et l'effritement de maint minéral ou fossile qui sans cela reste inactif dans la terre ; elle augmente par là la somme des matières nutritives pour la plante. Oui, nous ne sommes pas éloignés de croire que, avec la pénétration de l'air, non seulement l'oxigène, mais même l'azote, pénètre dans la terre et passe indirectement dans la nourriture de la plante.

Plus une composition d'engrais est riche en kali, plus elle empêchera le soi-disant épuisement du terrain ; du reste la chose n'est pas si alarmante, vu que souvent on ne trouve dans les Betteraves que des quantités minimes de kali et de sels calcaires et que l'expérience a déjà souvent démontré le contraire. L'exemple, souvent cité, de Çakowic, près de Prague, où sur 950 hectares on cultive annuellement 600 hectares de Betteraves, ne doit pas faire loi ici; on n'y fume qu'avec des tourteaux de colza; nous ne pouvons, en outre, que pronostiquer que la culture *de Betteraves riches en sucre* deviendra tôt ou tard impossible dans cette contrée. Dans un domaine que nous connaissons, en Prusse, la moitié d'un groupe de champs est depuis douze ans cultivée alternativement de céréales et de Betteraves, et toujours avec un bon succès. Nous parlerons plus loin des autres inconvénients d'une culture trop souvent réitérée.

On ne saurait trouver mauvais qu'un fabricant de sucre, qui a des champs à lui ou qui les loue, fasse des Betteraves sur un tiers de ses terres; mais celui qui n'est pas fabricant doit rationnellement cultiver un quart de ses terres avec des Betteraves à sucre et fourragères, afin de pouvoir faire de bonnes affaires.

Les fabricants de sucre possèdent le meilleur moyen, l'engrais le plus propre, pour pouvoir forcer la culture de la Betterave, car les déchets, dans la fabrique, comme : les terres provenant des laveurs de Betteraves, écume de défécation, certaines cendres, eaux fermentées du charbon d'os, vieux noir animal ne pouvant plus servir, vapeurs d'ammoniaque condensées, des pulpes gâtées, voire même sirop de Betteraves (mélasse) et autres; tout cela mêlé en compost et employé une fois entre autres comme fumier assurera aux champs de Betteraves, cultivées annuellement sur un tiers de la propriété, une récolte riche pour des siècles en quantité et en qualité, pourvu que cet engrais de fabrique soit mêlé comme il faut avec de la chaux vive; car c'est ainsi qu'on anéantit les nématodes et les autres vers. Pour cet effet, on pratique sur le tas de compost de profondes rigoles, on les remplit de chaux vive qu'on recouvre de compost, de sorte qu'elle se résout lentement en poussière. Quand il en est ainsi on mélange le tas de manière que la poudre de chaux arrive partout. Pour 100 quintaux de compost de fabrique, il suffit d'employer

30 quintaux de chaux. Au bout de quatre à six semaines on retourne le tas et on mélange la chaux qui pourrait être restée séparée. Un fumier de fabrique ainsi préparé est excellent, tandis que celui qui n'a pas un mélange de chaux est une malédiction pour le champ, notamment pour la culture de la Betterave, les nématodes se multipliant par milliards dans ce fumier de fabrique non chaulé et infestant ainsi le champ.

Nous devons non seulement refuter également l'opinion qui prétend *qu'une culture réitérée de Betteraves rend les plantes de plus en plus pauvres en sucre,* mais même établir le contraire. Il y a vingt ans, une Betterave avec un contenu en sucre de 12 à 13 0/0 était quelque chose d'excellent, et c'est à peine si aujourd'hui on s'en contenterait au pis aller. La pauvreté progressive du sucre de la Betterave dans une contrée, si réellement elle existait, ne saurait provenir que d'un mauvais sol, ou d'une négligence et dégénération de l'espèce; *car parmi les Betteraves à sucre elles-mêmes, il y en a de riches et de pauvres en sucre,* ainsi que nous l'avons démontré plus haut.

Dans un champ où il n'y pas encore eu de Betteraves, elles seront dans la première récolte, les conditions de température égales d'ailleurs, bien plus pauvres en sucre que dans les deuxième et troisième culture; cela s'explique facilement et est un axiome vérifié par l'expérience, car la culture de la Betterave prépare elle-même le terrain pour sa culture à venir. La preuve en est en ce que, dans les contrées où on fait beaucoup de Betteraves, on n'en a jamais vu de plus riches en sucre que maintenant. Même en Russie et en Autriche où la culture n'est pas encore aussi forcée que chez nous, les Betteraves sont en moyenne inférieures aux Betteraves allemandes par rapport au sucre. Le motif de l'épuisement ou de la pauvreté du sucre de la Betterave doit être cherché ailleurs.

Si, par exemple, un petit propriétaire de 150 hectares d'un terrain déjà pauvre en soi veut tout à coup cultiver 50 hectares avec des Betteraves à sucre, tenir 40 bêtes à corne mal nourries et pendant six mois 200 moutons à engraisser, d'où pourraient donc provenir la bonne Betterave à sucre? En de telles circonstances de pauvreté d'engrais la culture des Betteraves s'épuise certes rapidement ; car la Betterave ne donne rien au terrain sur lequel elle grandit et elle a besoin de tout autant de nourriture que n'importe laquelle de nos plantes agricoles. La faute en est principalement dans l'ancienne routine de fumer un arpent avec quatre charrettes de fumier ; car si quelqu'un pense pouvoir remplacer le manque de fumier de ferme par du guano et de l'engrais d'os il se trompe grossièrement. Tous les engrais chimiques ne sont qu'un auxiliaire qu'on emploie pour activer la culture. Voilà pourquoi nous conseillons de faire les Betteraves à sucre sur un sol riche, sur deuxième fumure, et avec un supplément de un à deux quintaux, par arpent, d'engrais chimiques consistant en un mélange de superphosphate et de salpêtre du Chili. Les couches de guano du Pérou étant presque épuisées, ce mélange remplacera facilement le guano, et les deux ingrédients qui le composent ne seront pas près de s'épuiser. Si le champ n'est pas dans un bon état de production, c'est-à-dire s'il ne possède pas de vigueur de longue date, on doit le fumer faiblement en automne avec du fumier de ferme. En ceci le fumier de bœufs serait à préférer à celui de moutons ; même dans ce cas il serait bon d'ajouter de un à deux quintaux d'engrais chimiques, et dans les contrées pauvres en kali un supplément de un à deux quintaux de sel kali de Stassfurt. Il y a encore une raison qui fait que les engrais chimiques ne pourront jamais remplacer les fumiers de ferme ; la voici : l'engrais chimique ne pourra jamais produire dans le sol cet état que les agriculteurs appellent fermentation. Cette fermentation est un état du sol, sans lequel on ne saurait concevoir une végétation suffisante. C'est un état dans lequel le sol devient friable, meuble, émietté et élastique, tout comme la bonne pâte de froment quand elle entre en fermentation, et cette fermentation on ne peut la donner au champ *que par le fumier de ferme* et un labour fait à temps, après lequel on passe le rouleau. Il est bien vrai, l'exemple l'établit, que des Betteraves, cultivées souvent et successivement sur le même champ, ne lèvent plus aussi bien que cultivées sur un autre champ, ou bien qu'elles disparaissent en partie après un certain temps. Mais ces faits sont presque toujours le résultat des ennemis de la Betterave engendrés par la culture ; car nématodes, vers, se multiplient dans le champ d'une manière effrayante par la culture des Betteraves ; et si on n'emploie aucun moyen contre eux, ces ennemis de la Betterave en empêchent la culture réitérée, et on dit généralement : *les Betteraves ne prospèrent plus, elles se sont épuisées.*

Là où il n'y a pas de nématodes et où on fume tous les trois ans, les champs riches en chaux avec 300 quintaux de fumier de ferme par arpent, et les champs pauvres en chaux tous les six ans, en outre avec de la chaux carbonatée et phosphatée ; là où l'on entretient les taupes nécessaires pour la destruction des larves, des insectes et des vers, là les Betteraves ne s'épuisent jamais. Mais la Betterave s'épuisera sûrement en qualité, si nous employons seulement des engrais chimiques dans sa culture ; car il nous faut donner beaucoup plus d'attention que par le passé à l'acide carbonique, engendré dans le sol par la putréfaction du fumier de ferme et d'autres matières végétales, comme produit de décomposition de beaucoup de substances organiques. Il y a, malheureusement, des fabriques de sucre dans des contrées où on ne peut presque pas cultiver de Betteraves sans fumure fraîche, parce que le sol y est pauvre en terre végétale, en chaux, en engrais et en culture. Dans de tels terrains affamés, le fumier et le guano ne nuisent pas autant que dans un sol riche par lui-même en terre végétale. Mais ces cultures sont des exceptions et ne peuvent jamais servir de règle générale.

Ce qui amène la fatigue du terrain, c'est en partie la pauvreté du sol, mais surtout la présence des nématodes, ainsi que l'a clairement démontré M. le professeur Kuehn, de Halle. Il nous donne en même temps les moyens de combattre ces animaux nuisibles, si on ne veut pas voir la ruine de la culture de la Betterave en peu d'années. Chaque cultivateur doit donc être bien sur ses gardes ; là où les Betteraves ne prospèrent pas, il doit en arracher quelques-unes et les faire examiner pour voir s'il n'y a pas de nématodes. Celui qui a de bons yeux ou une bonne loupe peut reconnaître lui-même ces sucerons aux racines de la plante. Si leur présence est constatée, il faut de suite commencer par guérir le champ, sans quoi la culture de la Betterave prendra bientôt fin. Une fois engendrés, les nématodes se multiplient par milliards. Nous aurons l'occasion de donner plus loin d'autres détails sur ce parasite.

XIII. — Amélioration du terrain.

Une culture renforcée de Betteraves relève énormément la productivité du sol ; on l'a malheureusement peu reconnu jusqu'à ce jour, et surtout on n'y a pas attaché assez d'importance. On a des exemples de grandes propriétés de la province de Saxe et du duché d'Anhalt, qui après avoir pratiqué la culture de la Betterave, ont produit beaucoup de blé et même beaucoup plus qu'avant la culture de la Betterave.

La terre seigneuriale O a cultivé, dans les quatre années en question, 600 arpents de Betterave de plus que les autres années, et elle a eu un rendement plus grand en blé, chaque année, de 743 schocks (*), donnant environ 185 tonnes de grain.

Le domaine H-C a fait, en plus annuellement, dans les quatre années en question, 250 arpents et quart de Betteraves, et la récolte la plus abondante en céréales a été de 343 schocks.

Le domaine W-Z a fait en plus, annuellement, dans les

(*) En Allemagne, on évalue les récoltes des céréales par « schock ». Le schock équivaut à soixante gerbes environ.

quatre années, 29 arpents et demi de Betteraves, et la récolte la plus abondante en céréales s'élève à 178 schocks.

Le domaine W a, dans les quatre années en question, cultivé annuellement 322 arpents et quart en plus avec des Betteraves, et le rendement en céréales a augmenté annuellement de 263 schocks.

On pourrait donner encore des centaines de ces exemples, en sorte que notre thèse — à savoir que, avec un quart du terrain cultivé avec des Betteraves, la culture des céréales ne diminue pas, mais que paille et grain augmentent sensiblement — se trouve complètement confirmée par l'expérience.

Autrefois, on a mis sur le compte de la culture de la Betterave les petits rendements des céréales, et par là on l'a accusée d'être cause de la hausse du prix des blés. Les exemples cités réfutent suffisamment cette opinion erronée, et on pourrait en emprunter encore à beaucoup d'autres domaines où on cultive la Betterave. De telles preuves ne parlent-elles pas mieux et plus haut que tous les dithyrambes en faveur de la culture des Betteraves? Outre ces rendements supérieurs en céréales, il faut encore faire entrer en ligne de compte la plus-value pour les bêtes à corne, les moutons et les cochons. La production de la viande s'est considérablement relevée depuis l'introduction de la culture de la Betterave et depuis l'épanouissement de l'industrie sucrière ; c'est ce qui ressort du dernier chapitre de ce livre, et par conséquent, se passe de commentaires.

Au reste, depuis l'introduction de la culture de la Betterave, un nouvel esprit s'est introduit dans la population des campagnes. Les gens ont vu, depuis, qu'il vaut mieux labourer profondément et fumer beaucoup ; que par là on peut faire produire à un arpent de terre de 150 à 240 marcs par an, et que sans faire banqueroute on peut dépenser de 24 à 36 marcs pour fumer un arpent de terre. Ces gens ont appris en outre que le terrain en jachère, avec des bestiaux amaigris et peu nombreux, devient de plus en plus pauvre. Nous l'avons déjà dit ailleurs, la Betterave force le cultivateur à une culture profonde et rationnelle, comme aussi à une sorte d'horticulture; car elle ne grandit et ne prospère que sur un sol profondément remué et débarrassé de mauvaises herbes, sol que le sarclage à la main ou avec la machine doit rendre meuble pour rester toujours accessible à l'influence bienfaisante de l'air.

C'est ainsi que prit naissance dans les campagnes une activité fébrile et intelligente qu'on ne connaissait pas auparavant. L'antique charrue de bois aux oreilles longues d'une aune, fut reléguée dans un coin et remplacée par des charrues en fer de belle construction.

La herse fut améliorée et de nouvelles créations vinrent à son aide, comme le *hérisson,* le *cultivator* de Coleman, l'extirpateur, etc. L'ancien rouleau si pernicieux, qui aplatissait le sol comme une aire de grange fut remplacé par l'excellent cylindre annulaire. On vit s'élever des fabriques très bien dirigées pour les machines agricoles; les théories de la physique et de la mécanique s'unirent à la pratique afin d'amener l'amélioration, c'est-à-dire un meilleur travail du terrain, avec l'application de moins de force possible. C'est ainsi que nous voyons dans nos champs de Betteraves l'horticulture déjà atteinte, voire même dépassée en certains points.

XIV. — Amis et ennemis de la culture de la Betterave.

Avant de terminer, nous voulons dire un mot des amis et des ennemis de la Betterave; car d'eux dépend la prospérité ou la ruine de cette culture en maints endroits. Combien de cultivateurs n'a-t-on pas entendu vanter leurs énormes rendements en Betteraves, et par suite leur art en cette culture, sans penser qu'ils ne devaient ce résultat, après Dieu, qu'à leur activité jointe à celle des petits amis de la Betterave.

Les principaux amis de la culture de la Betterave sont : les taupes, les sansonnets, les corneilles, ainsi qu'une série d'insectivores de l'espèce des coléoptères, ichneumons, libelles, araignées des champs. Cela nous mènerait trop loin si nous voulions donner une description, si superficielle fût-elle, de ces petits alliés de la série si variée des insectes. Que celui qui désire s'instruire sur ce sujet achète le petit ouvrage du docteur Eisbein : *Les Petits Ennemis de la Culture de la Betterave*. Il contient aussi des figures excellentes des petits amis en question. Les ennemis sont : les vers blancs (mordettes), la chenille de l'agrotide des blés, la larve mince, la puce de terre, la chenille du gamma doré, les nématodes, et beaucoup d'autres vers.

La culture réitérée des Betteraves sur un seul et même champ engendre les ennemis de la Betterave d'une manière étonnante. La quantité de la nourriture qui reste des Betteraves dans et sur la terre donne la vie à des millions de vers. Il faut donc chercher la cause de cette crainte qu'on a que le champ ne s'épuise, non seulement en ce que le terrain manque de la nourriture nécessaire à la prospérité de la plante, mais bien en ce que les ennemis de la Betterave réussissent à empêcher complètement sa naissance et sa croissance.

Le plus terrible ennemi qu'on peut voir à l'œil nu est le ver blanc. Il commence par dévorer la racine de la Betterave par le fond, il attaque ensuite le pivot, en fait sa nourriture aussi longtemps qu'elle est encore juteuse, l'abandonne dès qu'elle est fanée pour s'en choisir une autre et la ruiner à son tour. De cette manière un seul ver peut mettre à néant une verge carrée de culture de Betteraves.

On voit souvent, dans le champ, des endroits complètement vides de Betteraves; c'est à ce ver qu'on doit l'attribuer. La Betterave laisse d'abord pendre pendant le jour ses feuilles qui se fanent, jusqu'à ce qu'enfin, rongée dans son intérieur vital, elle ne peut plus les relever. On peut parvenir à cet animal rongeur au moyen d'un fer en forme de couteau, car on le trouve facilement au pied des plantes fanées; quoique la Betterave attaquée se perde

toujours par cette opération, on sauve du moins les autres
qui ne sont pas encore attaquées.

Si nous n'avions pas anéanti de nos champs, avec une véri-
table rage, notre amie, la taupe, nous n'aurions pas à dé-
plorer un si grand dommage.

Combien de personnes sévissent encore aujourd'hui, aux
dépens de leurs propres intérêts, contre cet ami véritable
de la culture de la Betterave, ami qu'on ne saurait assez
estimer. Une seule taupe détruit en un jour le triple de son
poids en vers blancs et autres animalcules. Elle ne mange
rien de la plante, elle vit seulement d'animaux. Pourquoi
donc faire disparaître de nos champs cet utile animal ?
Beaucoup de personnes ignorantes parlent des dégâts
que font les taupes, mais personne ne les a démontrés. Quel
est le meilleur terrain pour le colza ? C'est celui qui est bien
fouillé par les taupes. Si quelqu'un se plaint que la taupe lui
ait labouré tout son froment, il n'a sans doute pas songé
que cet animal n'aurait pas fouillé si assidûment en ces
divers endroits, s'il n'y avait eu d'innombrables insectes ; car
cet animal, éternellement affamé, n'a ni le temps, ni l'envie
de se promener sous un sol où il n'y a pas de vers. Quand le
cultivateur de Betteraves se plaint que la taupe lui a ren-
versé toute une ligne entière de plantes, il n'a pas non plus
réfléchi que si elle ne l'avait pas fait, non seulement cette
ligne, mais encore beaucoup d'autres seraient devenues
la proie des vers. Une chose irréfutablement démontrée,
c'est que la taupe ne dévore aucun végétal, et qu'elle ne
fouille que là où il y a des vers en masse. Mais l'agriculteur
ne voyant pas les vers et remarquant très bien les traces
de la taupe, est assez peu clairvoyant pour regarder
comme un ennemi l'animal qui est son plus utile auxiliaire.

O vous donc cultivateurs et lecteurs de cette brochure,
respectez les taupes afin que vos Betteraves ne deviennent
pas infailliblement la proie des vers ; ni le fumier, ni votre
travail, ni votre intelligence ne sauraient vous assurer une
récolte complète, si la taupe, votre amie, ne venait à votre

secours. La corneille, elle aussi (celle qui a des plumes noires avec un bec blanc), est un ennemi des vers blancs, et par suite, une amie de la culture des Betteraves. Dès que les corneilles remarquent, dans le champ, des endroits où les larves rongent la plante, elles creusent avec leur bec pointu un trou près de la Betterave jusqu'à ce qu'elles aient atteint le ver blanc qui est pour elles un morceau délicat. Lors même que parfois la Betterave attaquée périt par le fait de la corneille, le mal n'est pas grand, car les autres n'éprouvent aucun dommage. Que le cultivateur prenne donc des mesures pour que la corneille moissonneuse ne soit pas chassée de ses champs. En outre, nous pouvons nous-mêmes contribuer beaucoup à la diminution des vers blancs en faisant la guerre, de toutes les manières possibles, aux hannetons qui les engendrent.

A l'appel d'un homme qui fait autorité parmi les fabricants de sucre, M. Boltze, de Salzmuende, membre de la Chambre de Commerce, la guerre a été déclarée aux hannetons, sur une grande partie du continent, par les fabricants et les agriculteurs, grands et petits.

On fait ramasser, moyennant finance, par des enfants et des grandes personnes les hannetons pendant la période où ils se montrent, c'est-à-dire en mai, et on en fait du fumier. Dans la région de Halle, le boisseau coûte de 60 centimes à 1 franc selon la quantité plus ou moins grande de ces animaux ; or, comme le fumier qu'on en retire a une valeur équivalente, on ne fait aucune dépense, sans compter qu'on anéantit par là des millions de hannetons, qui ne nuiront plus aux arbres, et qu'on empêche de naître des milliards de vers blancs. Dans la province de Saxe on a ainsi acheté, et cela dans les années peu riches en cette vermine, plusieurs milliers de boisseaux de hannetons qui ont été ainsi anéantis. Nous conseillons aux fabricants de sucre d'adopter annuellement ce procédé de destruction, particulièrement dans les années d'essaimage, ou dans *les années aux vers blancs*, comme on dit en Suisse. Dans le canton d'Argovie, par exemple, la loi règle la destruction des vers blancs. C'est en ces années, en effet, qu'il y a le plus de hannetons ; sans cette précaution, cet animal qui semble peu de chose, deviendrait la ruine des fabricants de sucre.

Un autre ennemi important de la culture de la Betterave, c'est la chenille grise (noctua segetum), animal qui vit dans la couche supérieure de la terre, près de la surface. Elle ronge pendant la nuit, à la surface de la terre, quelques feuilles et pénètre dans le cœur de la Betterave dont elle se nourrit; la plante commence à languir, perd ses feuilles et meurt. Sans notre ami le sansonnet beaucoup de champs de Betteraves seraient dévastés et une mauvaise récolte en serait infailliblement la suite, comme nous l'a trop démontré une triste expérience. Dieu a donc, dans le sage arrangement de la nature, donné même contre ce ver un auxiliaire certain. Nous avons eu occasion de voir une fois une étendue de 60 arpents complètement attaqués par ces chenilles grises, et sur le point de périr; mais à peine les prudents sansonnets s'en furent-ils aperçus, qu'ils quittèrent les troupeaux et allèrent s'abattre par milliers dans le champ de Betteraves. Huit jours s'étaient à peine écoulés que les chenilles étaient dévorées : le sansonnet était allé les chercher jusqu'au cœur de la plante. Les Betteraves recommencèrent à grandir vigoureusement et très peu seulement furent perdues.

Les limaçons qu'on voit souvent sur les feuilles des Betteraves deviennent aussi la proie du sansonnet; cet oiseau s'avance très adroitement sous les feuilles de la plante pour y cueillir les limaçons qui rampent sur le côté tourné vers la terre.

Le déboisement du pays et, par suite, l'expulsion des habitants de la forêt laisse déjà reconnaître les inconvénients qu'il a pour les contrées où on cultive la Betterave. Puissent les gouvernements faire bientôt une loi pour le reboisement des terrains peu fertiles des plaines de l'Allemagne du Nord, afin que les amis *ailés* de la culture de la Betterave puissent y trouver un refuge et s'y multiplier. En attendant, nous conseillons vivement aux cultivateurs de

veiller à ce qu'on ne chasse pas des champs, par le fusil ou
autrement, les sansonnets qui s'y montrent en masse pendant l'automne ; sans cela ils se refugieront dans les contrées
où ils peuvent dévorer à l'aise les chenilles et les insectes.
Outre les corneilles et les sansonnets, la culture de la Betterave a encore d'autres amis ailés : les perdrix, les cailles,
les alouettes, les verdiers et beaucoup d'oiseaux chanteurs
qui vivent des vers de la terre. Nous renvoyons ici le lecteur au livre du Dr Gloger, recommandé par le gouvernement prussien et introduit dans toutes les écoles : *Les amis
les plus utiles, parmi les animaux, à l'agriculture et à la
silviculture.* Berlin, 1868.

Dans ce livre, l'auteur donne la description des qualités
utiles des animaux, détruits presque tous aujourd'hui, ou
du moins considérablement réduits, au grand détriment de
l'agriculture ; animaux qu'on devrait aimer et soigner
partout, notamment dans les contrées où on cultive la
Betterave.

Parmi les ennemis de la Betterave, il faut encore ranger
les souris des champs. Après la récolte des blés, elles se
retirent en masse dans les champs de Betteraves, pour y
continuer leur œuvre dévastatrice. Afin de mettre un terme
à ses dégradations, il n'y a qu'à épargner la chouette, la
buse, le putois, la marthe et le hérisson. Des essais d'em-
poisonnement, outre divers inconvénients qu'ils peuvent
avoir quand ils ne sont pas faits par des experts et sur tous
les champs en même temps, n'ont presque jamais eu de
succès. Une excellente méthode de destruction des souris
consiste à labourer les champs aussitôt après la récolte, en
plaçant un enfant après chaque charrue pour tuer les
souris qui se montrent dans le sillon. On peut de cette
manière en détruire des milliers dans une journée. Les
coléoptères, les miryapodes jaunes et noires — et ces
derniers surtout aiment à ronger la graine fraîchement
mise en terre — les petits scarabés dits atomaria doivent
être détruits par des moyens corrosifs. On a conseillé
d'humecter la graine de Betterave avec du purin, du guano

ou du vitriol pour en éloigner ces insectes. Jusqu'ici on ne saurait dire définitivement si un de ces moyens a été couronné de succès.

Parlons maintenant de la nématode (Heterodera Schachtii) nommée déjà précédemment à plusieurs reprises. Elle est à la vérité un nain, en comparaison des autres ennemis de la Betterave, mais par suite de son immense reproduction, elle est de beaucoup le plus dangereux. Le dommage qu'elle cause est même supérieur aux dévastations occasionnées en Russie par le grand scarabée à trompe commun (cleonus punctiventris), appelé *tschutschki* en russe.

C'est le professeur Schacht, de Bonn, qui découvrit, le premier, en 1859, ce petit animal. Toutefois, c'est au professeur Kuehn, de Halle, que revient le mérite d'avoir découvert en lui un grand ennemi de la Betterave, d'en avoir démontré le danger d'une manière expérimentale, et d'avoir trouvé un moyen sûr, quoique un peu cher, de l'anéantir. Il démontra d'une manière irréfutable que les nématodes doivent être considérées comme la principale cause de l'épuisement des champs, et qu'il est possible de rédonner aux derniers en entier leur capacité de production pour la Betterave, en détruisant ces petits parasites.

Si, au mois d'août, nous faisons la visite des champs de Betteraves et que nous remarquions des endroits où les plantes semblent être malades, où les racines et les feuilles diminuent tous les jours, au lieu de grandir ; si nous voyons en outre que la superficie des feuilles, au lieu d'une couleur fraîche et pleine de vie, a un ton fané, tirant sur le jaune, et que le brillant de leur peau s'efface, alors nous avons tout lieu de supposer que ces animalcules sont occupés à sucer le chevelu de la Betterave. En ce cas, cher lecteur, arrache avec précaution quelques-unes des Betteraves suspectes avec le plus de racines fibreuses possible, et fais tomber doucement la terre environnante. Si tu remarques aux racines de petits points blancs ou de petits nœuds de 1/2 à 3/4 de millimètres de diamètre, lesquels s'écrasent facilement entre les ongles, c'est un signe certain de la

présence des nématodes. Tu peux être sûr d'avoir, non
seulement une récolte inférieure en poids, mais même des
Betteraves qui livreront un jus essentiellement mauvais, et
qui pourriront vite dans le silo. Mais alors aussi, vite à
l'ouvrage, car le mal progresse rapidement et d'une manière
terrible.

La nématode de la Betterave, appelée aussi trichine de la
Betterave, appartient à la famille, passablement riche en
espèces, des Anguillules. Les jeunes larves, imperceptibles
à l'œil nu, dès qu'elles sont sorties de la peau de l'œuf, acte
qui s'accomplit dans la terre, pénètrent dans le tissu cellulaire
des petites racines de la Betterave. Après avoir déposé la première peau de larves, leur corps cesse d'avoir la forme de
serpent qu'elle avait dans son premier développement, pour
prendre davantage celle d'une poire. Ils restent ensuite presque sans mouvement sous l'épiderme de la racine qui s'enfle
en forme de nœud et finit par crever par la croissance du parasite *(Fig. 29)*. A cette époque se produit la différence des
sexes. Tandis que la femelle conserve sa forme ramassée,
le mâle se développe en un ver mince, allongé, et le plus
souvent roulé en forme de trichine *(Fig. 27)*. Après
l'accouplement, le corps de la femelle s'enfle en forme de
citron, et atteint une grosseur considérale par rapport à sa
grandeur primitive. L'intérieur est rempli de plusieurs
centaines de petits œufs *(Fig. 28)*. Les petits grains blancs
mentionnés ci-dessus et visibles à l'œil nu sur les petites
racines de la Betterave, sont précisément ces femelles
pleines. Le professeur Kuehn trouva des femelles pleines
pendant la plus grande partie de l'époque de végétation
de la Betterave ; il est probable que pendant l'été il se produit quelques générations, et par là s'explique la multiplication rapide de cet animal. Ainsi que nous l'avons constaté dans nos propres expériences, la dernière génération
des larves, formées clairement dans l'œuf, passe l'hiver dans
le corps de la mère qui semble morte. Au printemps, avant
l'éclosion des petits, le corps de la mère a une vive couleur
brun foncé.

Le professeur Kuehn a fait de nombreuses expériences
touchant l'anéantissement de ce parasite. Les moyens pro-
posés et expérimentés se divisent en trois groupes.

1° *Moyens chimiques.* Les expériences faites avec une
masse de substances vénéneuses chimiques, ainsi qu'avec
du jus de tabac, donnent des résultats peu consolants. Outre
le sulfure de carbone, le xantogénate de soude et le jus de
tabac qui arrêtèrent en quelque sorte le développement des
nématodes, il n'y eut que la chaux vive à fortes doses (pour
une partie de terre de 1/2 à 1 partie de chaux) qui montrât
un effet en quelque sorte appréciable. Mais le mélange d'une
partie de chaux et d'une partie de terre, mélange impraticable, laissa encore des nématodes arriver à leur développement.

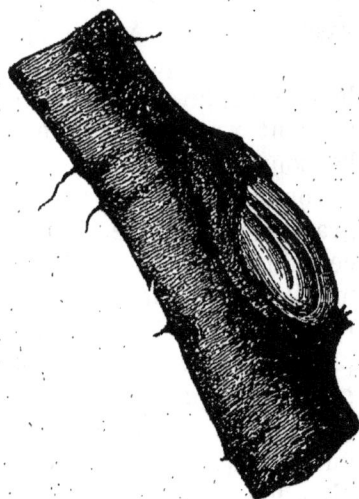

Fig. 27   Fig. 28   Fig. 29

2° On obtint un bien meilleur résultat par l'écobuage du
terrain. On creuse dans le champ infesté de nématodes des
fossés de 50 centimètres de profondeur, dans lesquels on
met les matières à brûler (briquettes de charbon). Une fois

qu'on y a mis le charbon, on recouvre ces fossés avec de la terre et on allume le charbon. Le mieux est de recouvrir deux fossés avec le même manteau de terre dont les couches extérieures non suffisamment chauffées doivent être soumises à une nouvelle crémation. L'opération tout entière doit être faite systématiquement et de manière que la terre soit chauffée peu à peu dans toutes ses parties au moins jusqu'à 55 degrés Celsius. A 62 degrés, la vie de ces parasites est complètement détruite et la productivité primitive du champ complètement rétablie. Nous avons constaté le même résultat sur un de nos champs d'expériences, qui était attaqué par les nématodes et qui fut en partie soumis au même procédé de crémation. Cette méthode serait parfaite, malheureusement elle est très chère. Le professeur Kuehn estime le charbon employé par hectare environ 1,900 marcs. Toutefois, elle a son importance pour guérir les petits endroits attaqués par les nématodes dans un champ d'ailleurs bien sain. Il faut cependant entourer d'un fossé ces endroits attaqués avant de commencer l'écobuage, car les nématodes, arrivées à certains degrés de développement, peuvent émigrer ailleurs.

3° La troisième méthode, et celle-là est d'une grande signification pratique, repose sur l'emploie d'une plante-piège. Kuehn a examiné presque toutes les plantes, importantes pour le cultivateur de Betteraves, au point de vue de leur qualité pour servir de nourriture aux nématodes ; il trouva que la plupart des sortes de Blés, mais avant toutes, l'Avoine ; que toutes les espèces de Choux et de Betteraves, Turneps, Moutarde, Epinards et beaucoup d'autres encore nourrissent les nématodes.

Cela fit naître en Kuehn l'idée ingénieuse de semer dans les champs attaqués par les nématodes, certaines plantes dont les parasites recherchent les racines de préférence, et de détruire ensuite les jeunes plantes à l'époque où les larves des nématodes se sont introduites dans les racines et ont atteint la période d'immobilité décrite ci-dessus. Le succès des expériences aussitôt commencées, répondit

complètement à l'attente désirée. Kuehn recommande pour
les champs fortement attaqués par les nématodes et fati-
gués de produire des Betteraves, de les ensemencer comme
il faut, en avril, avec 38 kilos de navettes d'été *(Brassica
rapsa oleifera annua)*. A partir du 28me jour de l'ensemencement, on commence à arracher avec les mains, les plantes
qui grandissent et à en examiner attentivement les racines
à la loupe. Il suffit pour cela, d'après Kuehn, d'un agrandissement de 90.

S'il se montre sur l'épiderme des racines de nombreux
petits nœuds provenant des larves des nématodes, cachées
en dessous, et si on aperçoit déjà quelques larves qui ont
déchiré le tissu des racines par leur gonflement et laissent
ainsi voir le bout de leur corps *(fig. 29)*, alors il est grand
temps de détruire les plantes-pièges, destinées à prendre
les nématodes. Le meilleur procédé, toujours d'après Kuehn,
c'est la machine à sarcler, dont les coutres bien aiguisés
sont placés de manière que l'entaille rencontre également
toute la surface du champ. On peut faire pénétrer les coutres
à 3 centimètres de profondeur. La seconde opération, qui a
lieu dans un sens transversal de la première, exige 5 centimètres de profondeur. On éloigne avec la sarclette les
plantes qui sont restées debout. On travaille ensuite deux
fois le champ, en long et en large, au moyen de l'extirpateur; puis on passe la herse et enfin on le retourne avec la
charrue à 25 centimètres de profondeur.

Comme toutes les larves des nématodes n'avaient pas
encore pénétré dans les racines des plantes à l'époque de
leur destruction, une seule application de cette méthode
est loin de suffire pour la disparition complète de ces animaux. Il faut pour le moins quatre ensemencements de cette
plante faits à la suite l'un de l'autre. Dans les derniers
ensemencements il est plus difficile d'observer le développement des larves et de déterminer le moment favorable
pour la destruction des plantes. On est donc forcé de s'en
tenir à des périodes de développement de l'animal déterminées.

Kuehn propose de commencer à détruire les plantes de Colza quand les premiers boutons de fleurs sont devenus jaunes et que la fleur est sur le point de s'ouvrir.

L'incorporation réitérée de la plante de Colza au sol opère comme une fumure énergique d'engrais verts. On doit en tenir compte dans les fumures subséquentes et n'employer que la moitié de la quantité d'azote ordinaire.

Un champ, délivré de cette manière des nématodes, doit cependant attirer l'attention du cultivateur pendant un certain temps. On doit d'abord y faire des céréales d'été (de l'orge de préférence), et après la récolte, semer encore des plantes-pièges qu'on détruit à temps. Si dans la deuxième année on y fait des Betteraves, qu'on les sème bien dru, 40 kilos par hectare avec lignes de 35 centimètres d'espacement.

En démariant les Betteraves, il faut faire attention d'éloigner du champ les plantes qu'on a retirées, et qu'on doit considérer elles-mêmes comme des plantes-piège. Kuehn dit même que ce n'est pas nécessaire, et qu'il suffit de faire attention que les plantes ne restent pas en paquet sur le sol.

Avant de quitter ce sujet, dont l'importance a exigé un espace assez considérable, il ne nous reste plus qu'à dire quelques mots de nos amis par rapport au combat à livrer aux nématodes.

Si la culture forcée des Betteraves, a favorisé le développement immense de ces parasites — qui vivaient sans nul doute dans chaque terrain cultivé, quoique peu nombreux et par là inoffensifs, — il faut dire par contre que la multiplication de ces anguillules porte en elle-même le germe du remède. Mais cette fois il nous faut descendre bien profondément dans l'échelle des êtres organiques, pour trouver les troupes auxiliaires contre cet ennemi. Le professeur Kuehn, dont nous trouvons le nom à chaque pas dans l'étude des nématodes, découvrit déjà en 1877 un parasite microscopique (Tarichium auxiliaire) dont le mycelion entre dans la femelle pleine par l'anus et détruit les œufs et les embryons.

Un autre parasite de la nématode consiste dans une espèce de petite plante cryptogame nommée Arthrobotrys ou Harposporium anguillulœ.

C'est à ces êtres microscopiques que nous sommes redevables du fait que les nématodes n'aient point pris plus d'extension. La nature prend soin elle-même que les arbres ne s'élèvent pas jusqu'aux cieux.

Mais cependant nous devons conseiller à tout cultivateur de Betteraves de faire attention à ses champs, afin de pouvoir arrêter le mal dès le début et dans son germe, comme aussi de traiter avec la plus grande précaution ce qu'on appelle compost de fabrique.

Mais les plus grands ennemis de l'industrie sucrière et, par suite, de la culture des Betteraves, ce sont les *cultivateurs de Betteraves* eux-mêmes, les actionnaires des fabriques, ainsi que beaucoup d'inspecteurs des propriétés des fabriques; leurs auxiliaires en ce point, ce sont les agriculteurs, petits et grands, qui cultivent les Betteraves pour les vendre aux fabriques.

Pour tous ces Messieurs, le point important c'est de se laisser gêner le moins possible dans leurs principes agricoles par la culture de la Betterave; et en second lieu de récolter le plus de Betteraves possible sur un petit champ, sans se soucier de leur qualité ou de leur valeur pour la fabrique. Si les ennemis de l'espèce animale causent annuellement un dommage de plusieurs centaines de mille francs, celui que causent ces Messieurs se chiffre, par année, par des millions, s'ils n'ont pas conscience de leur métier; c'est cette dernière seule qui fait la valeur d'un bon éleveur de Betteraves.

Là donc où fabrique et culture ne sont pas dans la même main, on a bien raison de craindre que les Betteraves ne soient pas riches en sucre, ni élevées dans toute la pureté de la race. Quand ces cultivateurs aux idées étroites préfèrent, à cause d'un petit avantage qu'on peut calculer à l'avance, ne pas attacher grande importance à la valeur et à la richesse en sucre de la Betterave, parce que leur ignorance des principes de la chimie ne leur permet pas de les distinguer, alors ils sont la plaie de l'industrie sucrière et ses plus grands ennemis. Au point de vue de l'économie nationale, des millions de francs se perdent annuellement par leur faute ; ils les retirent directement aux fabricants, et indirectement à la richesse nationale. Nous pourrions citer à l'appui de notre dire des centaines d'exemples, s'il était possible de le faire sans devenir personnel.

XV. — Instruments et Machines de labourage.

L'exécution rapide et opportune de façons données au sol exerce sur toutes les plantes agricoles une influence considérable, mais aucune n'y est plus sensible que la Betterave. Il faut donc donner à cette culture tous les soins possibles sans néanmoins perdre de vue le prix de revient que l'on s'efforcera de maintenir dans des limites raisonnables. Pour arriver à ce résultat indispensable au succès, faire vite, bien et relativement bon marché, il faut un excellent matériel de culture. En effet, la quantité et la qualité du travail augmente en raison directe de la perfection des outils et d'autre part plus le matériel est bien construit plus son entretien est bon marché. Donc double économie.

La culture de la Betterave n'exige pas un outillage spécial. Tous les instruments qui y sont employés, sans même en excepter les arracheuses servent à la culture des autres plantes et en partie y sont indispensables. En voici un aperçu rapide.

1° *La Charrue.*

Les Charrues se divisent en deux grandes catégories : simples ou à une seule raie, polysocs ou à plusieurs raies.

Les Charrues simples se divisent elles-mêmes en Charrues avec ou sans avant-train dites tourelles parce qu'elles tournent autour du champ, et Charrues avec avant-train dites doubles parce qu'elles ont deux corps de Charrue superposés. Cette dernière Charrue, très répandue dans le Nord de la France, sous le nom de brabant double et employée aussi en Allemagne, doit être l'instrument préféré des bons praticiens dans les terres labourées à plat. Cette Charrue est construite tout en fer.

Une Charrue sera reconnue bonne si elle réunit : qualité de travail, facilité de traction, solidité, commodité dans la manœuvre, simplicité.

Le travail est bon si la bande de terre est bien retournée, le fond de la raie bien nettoyé, si la forme de la bande peut être facilement variée suivant la volonté du laboureur. La Charrue sera d'une traction relativement facile si les versoirs bien adaptés à la nature du sol, plus longs en terres fortes, plus courts en terres légères, sont calculés dans leur concavité, de façon à bien culbuter la terre sans la comprimer. Si le tirage se fait au point de résistance, si le coutre et le fer coupent bien la terre dans la même verticale en se prêtant un mutuel appui, si la Charrue bien équilibrée pose sur ses rouelles, mais sans les comprimer sur le sol.

Elle sera solide si toutes les parties sont bien proportionnées les unes aux autres et si chacune d'elles a son maximum de force en son point extrême de fatigue.

Recommandons l'emploi des doubles coutres additionnés de petites ailes que l'on ajoute à volonté à l'âge de la charrue et en avant du coutre principal. L'emploi de ces pièces accessoires a pour but de bien enfouir au fond du sillon les fumures ou les herbes qui couvrent la surface d'un champ en les culbutant au fond de la raie avant le passage du soc.

Une Charrue de fer ordinaire peut faire des labours de 0^m,10 à 0^m,20 de profondeur. Il est prudent de n'aller au delà qu'avec des Charrues plus fortes appelées défonceuses construites spécialement pour cet usage.

Nous laissons de côté dans cet aperçu, rapide et tout pratique les Charrues à vapeur. Elles nécessitent une grande mise de fonds. Leur emploi n'a son avantage que là où le charbon est bon marché et la main-d'œuvre fort chère. Elles ne se sont guère répandues jusqu'ici qu'en Angleterre et dans l'Est de l'Europe,

2° Le Polysoc.

La charrue Polysoc où Déchaumeuse se compose de plusieurs socs parallèles, généralement trois ou quatre. Trois sont préférables à quatre. Dans ce dernier cas, les socs trop rapprochés les uns des autres, se bourrent facilement.

Le Polysoc de Schwanz de Golzor se recommande par sa disposition ingénieuse qui évite l'engagement des rouelles.

La charrue Polysoc s'emploie pour labourer les terres légères plus rapidement et plus économiquement que la charrue à un seul soc. Elle déchaume parfaitement les éteules en donnant à la terre un labour superficiel que la Herse vient ensuite facilement pulvériser. Signalons aussi son emploi dans les semailles pour la couverture des grains surtout dans les terres légères.

3° La Fouilleuse.

La Fouilleuse est un instrument destiné à compléter le travail de la charrue dans les labours d'hiver. Elle marche dans le sillon derrière la charrue, fouille et pulvérise le sol sans le retourner.

La construction de la Fouilleuse est fort simple, sa qualité essentielle est la solidité. C'est une charrue sans avant-train, armée de trois crochets au lieu de socs et dépourvue de versoir.

4° L'Extirpateur.

L'Extirpateur est une Herse triangulaire armée de sept à onze dents en fer. Son but est de donner aux labours des façons énergiques pour les broyer, les diviser profondément. Il fait aussi les déchaumages par deux coups croisés ; mais moins bien que la charrue Polysoc. Construit primitivement en bois avec dents en fer, puis tout entier en fer; l'expérience fait de nouveau préférer les bâtis en bois. Il est bon que les dents soient de deux pièces. La lame courbée en avant et seule sujette à usure, se remplace alors facilement comme dans les Extirpateurs Coleman.

Quelques Extirpateurs sont pourvus de leviers qui rendent le dégorgement facile sans arrêter le travail. Cela complique l'instrument et augmente son prix. Mieux vaut éviter autant que possible cet engorgement par une bonne disposition des dents.

Un Extirpateur fonctionne bien s'il traîne sans soubresauts.

Certaines arracheuses de Betteraves dons nous parlerons plus loin, peuvent facilement se transformer en Extirpateurs.

5° *La Herse.*

Les Herses de divisent en deux catégories : Herses à dents fixes, Herses à dents mobiles.

Les plus anciennes appartiennent à la première catégorie : elles ont pour elles la simplicité et le bon marché.

Signalons la Herse triangulaire, peu sujette à oscillations, ferme dans sa marche et employée de préférence dans les terres fortes ; la Herse rectangulaire à un seul cheval employée beaucoup en Allemagne et dans les terres légères de France. Un seul homme en surveille souvent plusieurs, quelquefois au détriment de la qualité du travail. Des résistances inégales la font aussi facilement dévier de sa direction.

Ces deux Herses construites en bois, fonctionnent généralement sans régulateur.

Suivant la profondeur que l'on veut donner au hersage, on varie l'inclinaison des dents en construisant la Herse. Leur bon marché permet d'en multiplier le nombre.

On en voit aussi armées des deux côtés, qui donnent un hersage énergique ou superficiel suivant le côté mis en œuvre. Nous trouvons dans la seconde catégorie, les Herses articulées et les Herses rhomboïdales écossaises toutes en fer. Ces Herses ont sur les Herses à dents fixes, l'avantage de mieux pulvériser le sol parce qu'elles en suivent les moindres ondulations et aussi parce que leurs dents sont rapprochées les unes des autres.

Elles ont l'inconvénient de s'engorger facilement par les mauvaises herbes et leur prix d'achat est relativement élevé.

En Allemagne, la maison Sack à Plagwitz, près Leipsick offre un grand choix de ces instruments que chacun pourrait ce nous semble, *faire construire à meilleur marché dans son village*.

La maison Pilter de Paris a contribué beaucoup à leur propagation en France.

6° *Le Roule* (Rouleau).

Les Roules ou Rouleaux, dont les formes varient à l'infini, se divisent en deux grandes catégories :

1° Les Roules unis, primitivement en bois d'une seule pièce, fonctionnent mieux s'ils sont formés de trois pièces au moins. Le Roule en bois de trois morceaux, dont deux sur la même ligne et celui du milieu un peu en arrière, est très répandu en Allemagne.

Les Roules unis ont pour but de briser les mottes peu résistantes et de tasser le sol avant ou après les semailles, suivant les circonstances. Ils doivent être plus ou moins lourds, suivant la nature du sol.

Le but à atteindre est de tasser la terre suffisamment pour que les racines puissent se fixer, mais il faut éviter avec une précaution extrême de mettre en pâte, par un travail hâtif, des terres encore trop humides.

2° Les Croskills sont des Roules en fonte formés d'un arbre muni de disques mobiles, quelquefois unis, plus souvent dentelés de différentes façons.

Le Croskill a pour but de briser les mottes très résistantes que ne peuvent réduire les Roules unis.

On l'emploie aussi au printemps pour fouler les Céréales et par ce moyen développer le tallage. Il faut, dans ce dernier cas, éviter avec soin les Croskills, dont les disques ont des arêtes trop vives. Certains constructeurs allemands font suivre les Rouleaux d'Herses-Chaînes.

Cette complication, peu connue en France, est assez pratique dans les plaines, mais elle alourdirait trop l'instrument en pays accidentés. Le Roule-Hérisson étoilé de Kuester, fabriqué maintenant dans la plupart des bons ateliers, est un des meilleurs en ce genre.

7° Semoirs.

Nous ne pouvons nous étendre ici sur les nombreuses qualités nécessaires à un bon Semoir. Cette question a été étudiée d'une façon supérieure en un article de M. A. Kuester, dans le *Journal d'Agriculture de Berlin*, 1884, n° 46. Nous regrettons que son étendue ne nous permette pas de le reproduire ici.

Pour les besoins de notre sujet, divisons les Semoirs en deux catégories :

1° Semoirs à toutes graines, et 2° Semoirs à Betteraves seulement.

Prenons seulement cette seconde catégorie et divisons-la en Semoirs semant la graine et l'engrais, Semoirs semant la graine seule, Semoirs semant l'engrais seul.

Lorsque l'on veut mettre l'engrais pulvérulent sur la ligne, il est à peu près impossible de se passer de Semoir semant à la fois graine et engrais. Beaucoup de constructeurs les réussissent assez bien : citons la maison Siedersleben, à Bernbourg.

N'oublions pas que le grand écueil sera toujours l'humidité, les sels étant toujours plus ou moins hygroscopiques.

Les Semoirs à graines de Betteraves seulement, très répandus partout, d'un bon marché relatif, simples dans leur construction, très légers à conduire, faciles à diriger, seront toujours préférés quand le cultivateur de Betteraves n'ajoutera pas l'engrais sur la ligne. Ils sèment généralement en lignes; quelques-uns en paquets (bouquets).

Si la faible importance de l'exploitation ou les temps humides ne permettent pas l'emploi du Semoir mécanique pour les engrais, on se servira utilement du porte-engrais en toile imperméable, récemment inventé par M. Wateau, à Morancy, par Montcornet (Aisne), qui est d'un prix très modique.

XVI. — Instruments de sarclage.

1° *Houe à cheval.*

Dans les grandes fermes on emploie la Houe à cheval attelée. La Houe, pour fonctionner, doit être réglée sur la même voie que le Semoir. L'ouvrier doit commencer son travail par le bout du champ où à commencé le Semoir.

La Houe a deux buts, économiser la main-d'œuvre et multiplier les façons. Elle s'emploie aussi, en dernier lieu, pour butter les Betteraves. Il suffit de changer les lames. Elle est indispensable dans toute ferme d'une certaine importance.

Une Houe est bonne si elle se dirige facilement. Il faut pour cela que l'homme qui tient les mancherons puisse lui imprimer des mouvements de droite et de gauche indépendants de la marche du cheval. Elle doit donc être tenue aux brancards par articulation et jamais d'une façon fixe.

Le règlement doit être simple et facilité par des points de repère; la position respective des dents ne doit pas être sujette à variation dans la marche.

En Allemagne, la Houe de précision de Siedersleben est celle qui répond le mieux à ces exigences. Dans beaucoup d'autres maisons, du reste, tant en Allemagne qu'en France, on trouve les Houes à Betterave et les Houes pour Céréales.

2° *Houe à main.*

En dehors des Houes à cheval, l'Allemagne emploie deux types de Houe à main, la Houe à roues et la Houe sans roues, toutes deux prennent une ou deux raies.

La Houe à roues s'emploie surtout au premier binage. L'ouvrier conduit l'instrument à l'aide d'une traverse fixée

sur une tige. Il pousse devant lui. Introduite en Allemagne
par Schnow, et Rabius à Hildesheim, elle est aujourd'hui
répandue en diverses contrées, notamment dans l'Oderbruch. Cette machine peut être construite facilement
partout.

La Houe sans roues est portée sur le sol par ses couteaux,
elle se manie d'une façon différente que la précédente.
L'ouvrier, armé de deux mancherons, la pousse devant lui,
la retire ensuite, fait un pas en arrière et recommence le
même mouvement. Son travail est plus énergique que celui
de la Houe à rouelle. Il est aussi plus fatigant. Il présente
cet avantage que l'ouvrier allant à reculons ne piétine
jamais la terre sarclée.

3° La Rasette.

Cet instrument aussi important que simple est formé d'une
plaque d'acier, longue de 10 à 13 centimètres, haute de 15 à
18 centimètres. Une tige en forme d'S la joint à sa douille
munie d'un manche en bois, assez court en France.

La Rasette est bonne si son manche est d'un bois léger et
doux à la main, son emmanchure légère et solide, si sa
lame est de bon acier, plate par le bas, légèrement bombée
par le haut ne s'empâte pas de terre. Son inclinaison par
rapport au sol doit varier suivant les binages. Presque
parallèle au sol à la première façon, elle doit forcer son
inclinaison dans les sarclages suivants, afin de mordre plus
profondément la terre. La tige doit donc être assez ner-
veuse pour accepter les flexions que l'ouvrier lui imprime
en mettant le pied sur la lame et raidissant sur le manche.

Schmidt, à Grobers, construit une Rasette à laquelle
peuvent s'adapter des lames de toutes dimensions et de
toutes formes.

4° L'Arracheuse de Betteraves.

Cet instrument accélère beaucoup la récolte des Betteraves. Il peut rendre de grands services dans les terres
difficiles et avec les Betteraves très pivotantes. Il soulève

les Betteraves d'une ou plusieurs lignes en même temps. Des femmes, des enfants les prennent ensuite, sans effort, pour en couper le collet et les mettre en tas.

On trouverait peut-être avantage à faire précéder le passage des ouvriers de quelques jours par cet instrument, lorsque la Betterave est trop abondante en végétation. On forcerait ainsi la maturation à se produire dans une certaine mesure au profit de la richesse saccharine.

Ces instruments exigent une forte traction, quatre bêtes de trait y sont souvent nécessaires. Notons à son actif un travail préparatoire d'ameublissement donné au sol. A son passif une plus grande difficulté pour les charrois et un prix de revient assez élevé pour l'arrachage des racines.

Certains modèles de l'instrument peuvent, après l'arrachage, se transformer assez facilement en Charrues, Polysocs, ou en Extirpateurs.

IV

RÉSUMÉ

Si nous résumons en peu de mots ce que nous avons dit jusqu'ici, il en résulte les principes suivants :

1° *Au point de vue de la Culture des Carottes, des Navets, des Navets d'août.*

Dans les contrées qui n'ont pas un sol favorable à la Betterave, il est à conseiller de faire la culture de ces sortes de plantes en grand, afin de se procurer par là le fourrage et, par suite, le fumier nécessaire (annuellement 100 quintaux par arpent) de la manière la plus économique et la meilleure.

2° *Au point de vue de la Culture de la Betterave fourragère.*

(A) La Betterave Corne-de-Bœuf possède une très grande valeur fourragère, mais sa forme oppose des difficultés à sa culture en grand.

(B) Il est préférable, par conséquent, de cultiver la Betterave - Géant de Knauer, celle de Oberndorf ou de Wurzburg, et de les semer en grande partie en pépinière.

(C) Dans la culture de la Betterave, à cause de la profondeur nécessaire, on doit fortement fumer le terrain, mais on ne doit pas trop le fumer.

(D) Toutefois, il vaut mieux et c'est plus rationnel, en certaines circonstances, choisir une Betterave à sucre pour fournir une partie de fourrage destinée aux bestiaux; on les cultive sur seconde fumure avec une grande quantité d'engrais chimiques ; par là on a à sa disposition un fumier qu'on emploie directement pour les céréales, ainsi qu'une plus riche récolte de paille et de grain.

(E) La culture des Betteraves fourragères pratiquée là où il n'y a pas de sucrerie dans le voisinage et où par conséquent, on ne peut pas obtenir des pulpes comme fourrage pour la ferme, on peut et on doit l'étendre sans dommage jusqu'au quart de la propriété, afin que non seulement on puisse bien nourrir le bétail existant déjà, mais qu'on puisse en tenir le double et dans un très bon état.

3° *Au point de vue de la Culture de la Betterave à sucre.*

(A) Parmi les Betteraves à sucre, il y a différentes variétés différant entre elles considérablement, et le succès de la culture dépend le plus souvent de la race, supposé bien entendu que chaque race différente soit cultivée sur le terrain qui lui est propre.

(B) Il est de la plus grande utilité de cultiver ces diverses espèces chacune sur le terrain qui lui convient; il faut, d'après le procédé que nous avons décrit, faire la plus grande attention à l'élevage de la semence, afin de créer et de conserver des races constantes.

(C) Une culture profonde de 25 à 45 centimètres, d'après la qualité du terrain, est celle qui convient le mieux aux Betteraves à sucre.

(D) On doit apporter beaucoup plus d'attention que par le passé à l'ensemencement et au travail des champs; un sarclage fait plus de trois fois ne nuit en rien aux Betteraves à sucre.

(E) Par la destruction des amis de la Betterave nous avons laissé le champ libre a des ennemis invincibles; il est donc utile de protéger, plus qu'on ne l'a fait par le passé, les *taupes*, les *loutres*, les *sansonnets*, les *corneilles*, les *busards*, les *putois*, les *hérissons*, et tous les *oiseaux chanteurs*. Afin de ramener ces amis en masse, il serait extrêmement nécessaire (sans parler des influences climatériques) de reboiser, outre les hauteurs dénudées, une partie des champs, même dans les meilleures contrées, peut-être dans la proportion de 1 %.

(F) On doit donner la plus grande attention au traitement de ce qu'on appelle compost de fabrique, afin de ne pas infester ses champs par les nématodes qu'il pourrait contenir.

(G) On doit donner plus d'attention que par le passé à la mise en silo et à la conservation de la Betterave.

(H) On n'a pas à craindre l'épuisement du champ ni de mauvaises récoltes par la culture modérée de la Betterave, pourvu qu'on fume rationellement avec du fumier animal et chimique.

(I) La culture de la Betterave a relevé énormément et relèvera encore la culture de toutes les autres plantes.

(K) L'Allemagne produit, depuis l'introduction de la culture de la Betterave, le double d'animaux gras en plus qu'elle ne le faisait auparavant.

(L) Les machines à semer, charrues, rouleaux cylindriques, instruments à sarcler et à butter, de construction récente, travaillent si bien qu'on n'a plus besoin d'autant de mains d'hommes que par le passé pour la culture de la Betterave ; ce travail des machines est en partie plus parfait que le travail fait par la main de l'homme.

V

DE LA CULTURE DE LA BETTERAVE AU POINT DE VUE DE L'ÉCONOMIE NATIONALE

Dans les chapitres qui précèdent, nous avons traité de l'importance de la Betterave comme plante excellente pour la culture, nous voulons démontrer maintenant comment la Betterave, sa culture et l'industrie sucrière qui en dépend a relevé et relèvera encore la richesse nationale de tous les pays où elle s'est acclimatée.

Jetons un coup d'œil sur les nouvelles cartes spéciales qui nous représentent le groupement des fabriques de sucre dans les contrées qui produisent le sucre de Betteraves, et nous remarquerons aussitôt quel rôle éminent y joue cette branche d'industrie. La carte industrielle du docteur Ed. Stolle, Berlin 1853, nous donne déjà d'intéressants aperçus sur toute la production sucrière du monde entier ; de même qu'une revision postérieure de cette même carte par J.-C. Rad, Vienne. La production entière du sucre dans toute la terre comprenait à cette époque, déjà éloignée, 28,854,444 quintaux par année. En voici la décomposition :

1° Sucre de Canne.... 23,153,070 quintaux (de 50 k.).
2° Sucre de Betterave 3,296,417   —
3° Sucre de Palmier.. 2,000,000   —
4° Sucre d'Erable....   404,957   —

Tandis que la fabrication du sucre de canne se réduit aux districts relativement petits où croît la canne, et est à peine capable d'un plus grand développement; tandis que la fabrication du sucre de Palmier ne peut plus soutenir la concurrence et diminue; tandis que la fabrication du sucre d'Erable de l'Amérique du Nord languit et que la fabrication du sucre de Sorghum ne parvient pas à s'élever au-dessus de ses faibles débuts, malgré tous les soins et les frais employés par le gouvernement Nord-Américain, la fabrication du sucre de Betterave et la culture de cette plante grandissent constamment, et la marche ascendante est si rapide que la fabrication du sucre de canne sera bientôt atteinte.

En 1853, la quantité du sucre de Betteraves fabriqué dans l'Union douanière s'élevait, d'après la même source, à 1,219,320 quintaux. En 1858-59, elle s'élevait déjà à 3,116,857 quintaux, et en 1856-67, à 3,925,944 quintaux (50 k.).

Calculons ensemble la fabrication du sucre en France, en Belgique, en Autriche, en Allemagne et en Russie ; il en résulte que la fabrication du sucre de Betterave a déjà considérablement surpassé la fabrication du sucre de canne.

D'après des calculs d'ensemble authentiques, la production en sucre totale, en Europe, s'élevait dans les dernières années aux chiffres suivants :

PAYS	1880/81	1881/82	1882/83	1883/84	1884/85
Allemagne	594.225	644.775	848.124	986.400	1.150.000
France	333.614	393.269	423.194	473.670	325.000
Autriche-Hongrie.....	498.082	411.015	473.002	445.950	545.000
Russie et Pologne....	250.000	308.779	284.491	307.690	335.000
Belgique.............	68.626	73.136	82.723	106.580	90.000
Hollande et autres Pays	30.000	30.000	35.000	40.000	50.000
Total	1.774.545	1.860.974	2.146.534	2.360.290	2.495.000

Dans les cinq dernières années, la fabrication totale du sucre comprenait 10,537,343 tonnes, ou bien 21,274,686 quintaux, ce qui, au prix de 30 marcs par quintal, correspond à 6,382 1/2 millions de marcs.

L'industrie sucrière américaine a reçu une violente secousse par l'émancipation des esclaves. La plus importante de toutes, celle de Cuba, qui produit annuellement de 10 à 15 millions de quintaux, est actuellement dans une prostration complète, et n'atteindra sans doute jamais son état prospère d'autrefois. La fabrication du sucre du jus des palmiers, qui n'est acclimatée que dans peu de districts de l'Amérique, est bien près de mourir. La fabrication du sucre d'Erable a presque péri avec le déboisement des forêts vierges de l'Amérique ; et l'Erable cède le pas à la culture de la Betterave à sucre, même dans ce climat tempéré.

Dans le Canada, en effet, dans l'Amérique du Nord et la Californie, quelques fabriques de sucre de Betteraves travaillent avec plus ou moins de succès.

Seule entre toutes, la fabrication du sucre de la Betterave est susceptible de développement.

La Betterave à sucre, comme plante industrielle, prospère le mieux entre le 46e et le 54e degrés de latitude Nord.

D'après cela, c'est l'Europe centrale qui est sa patrie ; et elle s'est déjà rendue indispensable notamment en Allemagne, en France, en Belgique et en Russie. Dans ce dernier pays, elle prospère au Nord jusque dans le voisinage de Moscou.

Dans l'Amérique du Nord, ce qui arrête encore l'essor de cette industrie c'est le prix élevé du travail manuel et le morcellement de la propriété. Si les Américains savent s'associer entre eux dans ce but, comme cela a lieu souvent en Allemagne, l'industrie de la fabrication de la Betterave y jouera encore un rôle important.

Considérons la carte du monde, et nous trouverons que le sol favorable à la culture de la Betterave à sucre, dans les degrés de latitude indiqués, s'étend encore en Asie dans des plaines incommensurables. A mesure que la culture et la civilisation progressent dans ces pays, le besoin de sucre progresse avec elles, et les pays méridionaux des possessions russes, en Asie, deviendront peut-être à l'avenir de riches districts de Betteraves à sucre.

Mais la contrée qui nous paraît devoir, dans un avenir prochain, jouer un rôle important par rapport à la production des Betteraves et à la fabrication du sucre, c'est celle qu'arrose l'Amour ; son climat est excellent et ses vallées bien arrosées et fertiles.

Quand tous ces pays encore incultes, mais fertiles par eux-mêmes, auront introduit la culture de la Betterave, alors sera venue l'époque où la Betterave aura accompli sa mission. Alors elle sera reconnue par tous comme la plante la plus importante de la zone tempérée ; car elle a déjà maintenant doublé et triplé la richesse et la valeur du sol où elle s'est acclimatée.

1° *De la Betterave au point de vue de l'Agriculture.*

La Pomme de terre, que François Dracke apporta d'Amérique en Europe il y a plus de deux siècles, fut acceptée elle-même avec méfiance et avec une grande répugnance, en sorte que Frédéric le Grand dut l'introduire par la force dans ses Etats. Parmentier eut, en France, bien des difficultés qu'il n'a surmontées que grâce à l'appui du roi Louis XVI. Mais la Pomme de terre releva elle aussi énormément l'agriculture qui cependant était enchaînée par le système de la servitude des champs.

Mais comme chaque fruit se transplante naturellement là où la prospérité et sa valeur lui assurent un avenir, la Pomme de terre s'acclimata dans les plaines sablonneuses du Nord, où elle donnait, en comparaison des autres fruits, un rendement bien supérieur à celui des céréales. La Pomme de terre était le fruit précurseur de la Betterave ; et elle apprit déjà à l'agriculteur que, par son adoption au nombre des plantes cultivées, on pouvait introduire un assolement amélioré et que, au moyen des récoltes à sarcler, on pouvait mettre un terme aux mauvaises herbes qui envahissaient de plus en plus les champs.

Mais la révolution la plus complète de l'agriculture tout entière était réservée à la Betterave. L'utitité de sa culture ne tarda pas à convaincre les agriculteurs de tous les pays que c'est seulement par une culture renforcée de Betteraves qu'on peut donner à la valeur et aux rendements des champs un essor qu'on n'avait pas soupçonné jusque-là.

Il y a trente ans, c'était presque chose inouïe de donner 12 marcs de fermage et plus, par an, pour un arpent (*) du meilleur terrain, en Prusse ; tandis que maintenant il est très facile d'en obtenir, selon les circonstances, de 24 à 36 marcs annuellement par arpent, là où les Betteraves croissent et prospèrent. Il résulte de là que, depuis l'introduction de la Betterave, la valeur du sol et la rente qu'il donne ont doublé. Par suite, la richesse nationale des propriétaires a presque doublé dans les districts où on cultive la Betterave. C'est là, à notre avis, un résultat qui doit nécessairement nous faire aimer cette plante, car il est si grand que, exprimé en chiffres, on craint qu'il ne puisse pas être vrai.

Si nous considérons que, depuis l'introduction de la culture de la Betterave, le travail du reste du sol utilisé par l'agriculture s'est considérablement relevée, personne ne pourra douter que le sol actuellement cultivé ne puisse facilement nourrir le double de personnes et le triple même des animaux qui existent. C'était déjà beaucoup pour des agriculteurs intelligents d'obtenir, il y a quarante ans, et avec le système alors en usage, 6 quintaux de céréales par arpent ; et maintenant on a des exemples où des propriétés, tout en faisant des Betteraves sur un quart du terrain, récoltent de 12 à 16 quintaux par arpent de terrain cultivé de céréales.

(*) Contenance de l'arpent : 25 ares.

Mais nous n'avons pas l'idée combien nous sommes encore loin d'avoir atteint le point culminant de la productivité de nos champs; nous laissons à la Betterave et à nos descendants le soin d'en approcher. Ce qu'il y a de certain, c'est qu'on obtiendra le double du produit actuel. Ce qui nous semble vraiment comique, c'est d'entendre les partisans du libre échange, et parmi eux des personnes intelligentes et bien situées, comme par exemple l'ancien président de la chancellerie, le Dr Delbruck, s'écrier à propos de la lutte touchant les anciens impôts sur les céréales: « L'Allemagne est incapable de cultiver elle-même les céréales dont elle a besoin. » Une seule mesure des gouvernements confirmée par le Reichstag, à savoir la création d'une loi de drainage avec émission des titres de rente, comme nous l'avons déjà proposé en 1863, ouvrirait les yeux à ces Messieurs et leur apprendrait que le sol actuellement inculte, humide pourrait porter des Betteraves et des céréales, et que l'Allemagne, par suite de cette mesure unique, peut produire aussi elle-même toutes les céréales dont elle a besoin.

Cette loi suppose, il est vrai, l'existence d'une autre loi spéciale pour tous les pays d'Allemagne, notamment pour l'Allemagne du Sud; car, avec le morcellement de la propriété, il ne faut pas encore songer à cette culture rationnelle. Si nous demandons pourquoi la culture de la Betterave a exercé une influence si avantageuse sur les conditions agricoles, nous trouverons la réponse dans les six chapitres qui font le sujet de cette brochure. D'abord la Betterave exige, pour prospérer, une culture profonde et un meilleur traitement du sol au point de vue chimique et physique; en un mot, la Betterave exige l'horticulture sur les champs. Mais cela n'était pas possible avec les anciens attelages ordinaires, et les anciens instruments agricoles étaient insuffisants pour une bonne culture. On devait donc mettre en mouvement forgerons, charrons, constructeurs de machines pour créer des instruments avec lesquels l'agriculteur pût travailler ses champs comme on travaille un jardin avec la bêche. Dans l'invention et la construction, on réunissait la théorie à la pratique; le constructeur intelligent trouvait à apprendre auprès du simple cultivateur et *vice versa*. C'est ainsi que nous avons bien vite introduit l'horticulture dans les champs, et ces derniers sont cultivés sérieusement. Bien plus, avec la charrue à défoncer de Sack et les autres instruments que nous avons recommandés, on a même bien distancé la culture à la bêche. Les instruments aratoires qu'on a inventés à cause de la Betterave profitent aussi naturellement à la culture des céréales, et par là la Betterave a énormément rehaussé la richesse nationale en enseignant à cultiver profondément.

Tous les Comices agricoles s'occupent déjà depuis long-temps de la question de savoir s'il serait bon et possible d'introduire la culture profonde. Mais pendant que ces Messieurs faisaient de beaux discours dans leurs réunions, la Betterave a introduit elle-même cette culture, sans bruit, avec modestie, sans discussion, sans entrer dans les questions de conséquence, comme : Y aura-t-il assez de fumier ou non; les attelages seront-ils ou ne seront-ils pas suffisants. Elle dit tout simplement : Agriculteur, prends garde à ton travail, je ne prospère pas avec une culture superficielle; il me faut une culture profonde pour arriver à la perfection, car la nature, ma mère, me pousse toujours vers le bas et avec mon pivot je suivrai les traces de tes instruments, lors même qu'ils creuseraient le sol de deux à quatre pieds de profondeur.

Les éleveurs de Betteraves furent donc forcés de se séparer de l'antique charrue qui ne traçait des sillons que de quatre à six pouces de profondeur, pour se procurer les nouveaux instruments d'une pénétration double et même triple.

Le succès fut frappant, car l'ancienne théorie du terrain inerte mourut elle-même, et des trésors, c'est-à-dire des parties précieuses du sol furent tournées vers l'air et le soleil qui, en décomposant sans cesse ces matières, les conduisaient à la plante qui se les assimilait,

Ainsi prit naissance un sol arable d'une bonne profondeur ; et, au point de vue de l'économie nationale, on ne saurait trop apprécier qu'une telle culture ait permis d'utiliser tout ce qu'il y a de bon dans le sol.

Quand Dieu, au moyen d'éruptions, de sédiments et de l'action corrosive des atmosphères, eût formé le globe terrestre à ce point qu'une ceinture fertile, appelée Alluvion, s'était juxtaposée aux couches primaires, secondaires, tertiaires, il fut d'avis de laisser la terre à la libre disposition de l'homme et lui donna l'ordre de le nourrir, lui et ses nombreux descendants, et même de le nourrir comme il faut. Mais, pour que ce grenier d'abondance, qui n'était autre que la terre cultivable, ne fut pas vidé trop vite et avant qu'on n'eût trouvé le moyen de le remplir de nouveau, Dieu, qui a fait tout avec poids et mesure, avait eu soin de mettre lui-même des entraves dans la terre.

La Betterave devait d'abord faire son apparition ; c'était à la Betterave qu'était réservée la tâche de mettre de côté ces entraves, et forcer les hommes à se procurer un sol plus profond, favorable à la culture. Au Nord du continent il y a, en effet, des myriades de galets (appelés blocs erratiques), dans l'alluvion ou au-dessous. Auparavant l'agriculteur, penseur et laboureur peu profond, évitait ces galets, parce qu'ils endommageaient sa charrue. Or, la Betterave exigeait impérieusement un labourage profond, vu qu'elle prend des matières précieuses à l'Alluvion ; par exemple : de la terre glaise, de la chaux ou de la marne. Il fallut donc bon gré mal gré se résoudre à éloigner ces pierres gênantes, et ainsi, en défonçant et en labourant profondément le terrain, on obtint un sol arable, doublement puissant, qui résiste mieux à toutes les influences climatériques malfaisantes que ne le fait le sol plat, et qui supporte plus de sécheresse et plus d'humidité, ce qui va très bien à la plante qui croît dans son sein. Ce fait une fois reconnu comme vérité irréfutable, la culture profonde, introduite par la Betterave, a élevé la richesse nationale, dans la valeur du terrain, plus que ne l'avait fait avant elle aucune autre plante cultivée.

La Betterave a encore fait progresser la richesse nationale.

2° Par l'accroissement de la production du Fumier.

L'ancienne maxime: *Celui qui laboure profondément,
doit fumer profondément,* retenait maint agriculteur de
labourer profondément, avant l'introduction de la culture
de la Betterave, parce qu'il ne savait pas comment se procurer du fumier. Mais voilà que la Betterave vint au secours
de l'agriculture en détresse; elle livra beaucoup de Fourrage; l'agriculteur put fonder un calcul précis sur elle,
car la Betterave réussit presque toujours; il put engraisser
ses Bestiaux dans l'étable, en tenir presque le double en
cultivant beaucoup de Betteraves. Par là, il obtenait le
fumier nécessaire pour fumer profondément ses champs
profondément labourés. C'est ainsi que l'agriculture put produire des revenus auxquels on n'avait pas pensé auparavant. Trente ans auparavant, il était difficile de trouver une
propriété qui rapportât plus de 2 0/0 de son prix d'achat;
tandis que maintenant, sous le règne florissant de la Betterave, il n'est pas rare d'obtenir 4 et 5 0/0 de son capital.

Nous avons démontré plus haut, par un exemple, la différence qu'il y a entre le rapport d'une propriété avec culture de Betterave et d'une propriété sans cette culture.
Nous pourrions en donner cent autres pour confirmer notre
manière de voir, mais nous espérons que nos lecteurs seront
convaincus de cette vérité sans d'autres preuves. S'il en
était autrement, les contrées de l'Allemagne du Nord qui
ont la culture de la Betterave, offrent chaque jour l'occasion de se convaincre de la vérité que nous avançons. Il est
entièrement étonnant, en effet, de voir comment les propriétés où l'on cultive la Betterave se relèvent vite par
l'augmentation du bétail, et par suite, par l'augmentation
du fumier.

Par contre, d'autres agriculteurs, qui introduisirent la
culture de la Betterave, voulurent s'aider d'une manière

commode en employant des engrais chimiques qu'on peut acheter. Nous avouons qu'il est bien plus facile d'acheter à la ville, dans un sac, le fumier pour tout un arpent de terre, que d'élever des bestiaux pour en obtenir. On croyait par là pouvoir se passer de l'achat des bestiaux et des soins incommodes de les nourrir, de les soigner et de manipuler le fumier. Mais l'expérience ne tarda pas à démontrer à ces messieurs combien était fausse leur spéculation. Avec le Guano, le salpêtre du Chili, le superphosphate et le kali seuls, personne ne peut améliorer sa propriété, ni faire longtemps de bonnes affaires. Avouons que ces engrais chimiques sont un moyen commode et peu coûteux de suppléer au fumier de ferme, et que ces agriculteurs ont agi sagement en se servant de cet expédient jusqu'à ce que la production du fumier animal fût relevée; mais à la longue le terrain ne saurait s'améliorer ainsi, par le salpêtre du Chili notamment, et pourtant nous ne saurions en vouloir aux agriculteurs réfléchis et qui calculent, s'ils emploient cet engrais, le plus puissant de tous les engrais chimiques, pour la culture des Céréales, des Pommes de terre et des Betteraves, jusqu'à ce que la culture des plantes à sarcler ait augmenté leur production du fumier animal, époque où ils peuvent se passer de ces engrais d'expédient.

A la longue, en effet, il n'y a pas d'engrais chimiques qui soient capables de remplacer la vigueur du sol lui-même. Ils possèdent cependant, outre leur propre substance nutritive pour la plante, la faculté précieuse de faire dissoudre dans le sol des matières minérales nutritives qui s'y trouvent à l'état insoluble, et de les rendre ainsi assimilables à la plante. Mais c'est précisément cette précieuse qualité qui rend leur emploi, à la longue, dangereux, si on exclut totalement le fumier de ferme. Le sol finit, en effet, par devenir pauvre en ces substances minérales, et il ne donne plus de récoltes rémunératrices à aucun point de vue. Outre cela, le fumier d'étable semble jouer un grand rôle dans le maintien de la constitution physico-mécanique du sol arable.

Le fumier d'étable dissout aussi en partie les substances minérales du sol ; mais riche lui-même en minéraux et fossiles, il enrichit le sol arable au lieu de l'appauvrir. Il laisse dans le sol, par ses résidus, une quantité de substances végétales et donne par là au sol arable une couleur noire ou brunâtre. Or, cette couleur sombre donne au sol une chaleur et une fertilité que ne saurait donner nulle autre couleur ; en sorte que tous les terrains à couleur foncée peuvent être comptés parmi les classes du sol actives, sans compter les autres influences fécondantes de la terre végétale. Elles améliorent si bien les qualités physiques du sol, que l'effet de ce changement n'a pas besoin d'instrument, lequel n'existe pas d'ailleurs, pour être mesuré ; il suffit pour cela de marcher avec les pieds sur un champ pour distinguer un sol riche en terre végétale de celui qui ne l'est pas.

Voilà pourquoi le fumier d'étable reste seul, pour toujours et en toutes circonstances, l'agent vivificateur, fécondant de l'agriculture.

Sans compter, en effet, sa composition chimique, il donne au terrain la fermentation (dont nous avons déjà parlé), qualité physique du sol que ne peut produire aucun engrais chimique ; et nous devons donner plus d'attention que par le passé aux qualités physiques de nos terres.

La culture de la Betterave, nous l'avons déjà démontré, nous donne le moyen de nous procurer à bon marché de grandes quantités de fumier. C'est pour cela qu'on doit à la Betterave de solennelles actions de grâces pour toutes les sommes d'argent que nous conservons maintenant dans le pays pour augmenter la richesse nationale, afin d'en améliorer nos terres et d'en produire du fumier d'étable. Le cri de détresse de Liebig : *Les agriculteurs poursuivent un système de spoliations*, n'était que trop justifié et applicable à ces propriétés qui cherchaient, selon l'ancien système, leur salut seulement dans la culture des céréales et la possession de bêtes à cornes qui n'avaient rien à manger.

Même si un agriculteur laissait en jachère le quart de ses terres arables, ses champs, ses prairies n'en deviendraient pas moins pauvres, d'année en année, en terre végétale, en substances minérales ; car dans chaque récolte le sol perd des quantités de potasse et surtout d'acide phosphorique dans les récoltes de céréales continuées, deux ingrédients précieux et nécessaires qu'une culture étendue de céréales ne redonne jamais au terrain. Voilà pourquoi de telles propriétés s'appauvrissent toujours davantage d'année en année.

C'est ce que nous voyons dans la Marche et partout où on ne cultive que des céréales et où généralement même on vend les Pommes de terre aux féculeries. De Wulffen Pietzpuhl et le conseiller Gropp, précédemment à Isterpies, ont bien mérité de ces contrées, le premier par l'introduction des lupins blancs, le second par l'introduction des lupins jaunes comme engrais verts. Mais même ces moyens extraordinaires d'amélioration deviennent dans la main d'agriculteurs créés et mis au monde pour appauvrir les champs, non point une source de bénédictions, mais ne font que retarder de quelques années le procédé inévitable d'appauvrissement. Récemment Schultz Lupitz a bien mérité de la culture des contrées sablonneuses, en indiquant des méthodes pour faire produire des lupins au sol qui était fatigué d'en donner. En ajoutant un supplément de kali aux engrais verts, on obtient des rendements énormes sur des terrains médiocres. Il n'y a que les propriétés, à forte culture de Betterave, de la province de Saxe qui aient opposé une forte barrière à l'appauvrissement croissant du sol. Les cris de détresse poussés par Liebig auraient vainement retenti dans le monde, s'il ne s'était trouvé des agriculteurs qui, dès qu'ils l'entendirent, reconnurent l'appauvrissement progressif du sol et cherchèrent à parer à ce danger par la production progressive du fumier d'étable. C'est la Betterave qui fournit le moyen d'atteindre ce but facilement et à peu de frais.

Les paroles du célèbre Thaer, dans la description de l'agriculture anglaise, éditée en 1805, étaient restées sans écho ; il était à peine croyable de voir le peu d'effet qu'elles avaient produit, et par là seulement on peut en quelque sorte s'expliquer que les agriculteurs allemands, qui ne possédaient que des connaissances défectueuses, n'aient pas compris que cet état de l'agriculture anglaise était applicable à l'agriculture allemande. Dans la description de l'agriculture de Norfolk, Thaer nous fit voir clairement comment dans cette contrée, peu favorisée par la nature, on cultivait la moitié du terrain et même les 3/5 dans maintes propriétés, avec du trèfle et des plantes à sarcler pour les bestiaux. Combien de pères doivent avoir ri alors des agriculteurs anglais ; et maintenant leurs fils doivent déplorer amèrement l'aveuglement de leurs pères ; car rien au monde ne s'est vengé aussi sévèrement que la négligence à produire du fumier. Des pays tout entiers et des peuples ont péri par cette calamité. Les communications de Liebig à ce sujet concernant l'Italie, Carthage, l'Espagne, Ninive et Babylone sont des vérités terribles qui doivent servir d'avertissement au public agricole, incrédule encore en partie.

Un autre avantage que la culture de la Betterave fournit à l'agriculture comme un levier puissant, c'est :

3° Un Assolement rationnel.

Nous avons déjà exposé (Voir n° 1) que l'agriculture continentale du Nord languissait, dans les errements de l'ancienne méthode ; jusqu'à l'apparition de la Betterave. En 1805, le père de l'agriculture, Thaer, publiait sa description de l'agriculture anglaise, afin d'introduire un assolement régulier avec culture de Betteraves, assolement qui faisait déjà merveille en Angleterre. Depuis lors la culture de la Betterave a pris de plus grandes dimensions par l'exemple de Thaer, de ses amis et de ses collègues. La législation prussienne, sous les auspices de Stein, vient de

1809 à 1810 à l'aide de l'agriculture, en accordant l'affranchissement du sol, ce qui donna naissance à un mouvement qui s'est prolongé jusqu'à nos jours.

Par une culture continue de plantes sarclées, les agriculteurs intelligents peuvent approcher de très près un assolement parfait, l'atteindre même, en faisant alterner les céréales et les plantes sarclées. Nous donnons ici un exemple d'un tel assolement que nous avons introduit dans les champs de fabriques, champs qui sont ensuite passablement exposés, il est vrai, à l'infection de nématodes :

1° Seigles sur pleine fumure à 250 quintaux par arpent ;
2° Betteraves ;
3° Orges sur demi-fumure ;
4° Betteraves ;
5° Blés d'été sur demi-fumure ;
6° Trèfle ;
7° Blés d'hiver sur pleine fumure ;
8° Betteraves ;
9° Avoine ;
10° Légumes, Maïs, etc.

Un tel assolement, admissible pour certaines circonstances particulières, est impossible sans la Betterave ; car ce n'est que par le fourrage obtenu par cette plante, comme racines, pulpes et feuilles, qu'on peut recevoir la quantité de fumier nécessaire. De plus la culture importante des plantes sarclées et la culture profonde qui en est la suite doivent, par une telle rotation, améliorer une propriété en peu de temps et la mettre au point culminant de la culture actuelle en lui faisant produire un rendement maximum.

Cet idéal nous montre, la plupart du temps malheureusement non en réalité, mais en perspective, jusqu'à quel point la Betterave peut et doit élever la richesse nationale par une assolement régulier. Nous ne saurions nous empêcher de donner ici quelques assolements défectueux tels que le pratiquent encore d'anciens agriculteurs sur un terrain excellent pour les Betteraves et avec cinq bêtes à corne par 100 arpents :

  1° Jachère ;
  2° Colza fumé avec 120 quintaux de fumier par arpent ;
  3° Froment ;
  4° Avoine ;
  5° Plantes sarclées, avec une fumure de 120 quintaux ;
  6° Orges ;
  7° Trèfle ;
  8° Froment fumé avec 100 quintaux ;
  9° Pois;
 10° Seigle.

  Ou bien :

  1° Jachère ;
  2° Colza fumé avec 120 quintaux par arpent ;
  3° Froment ;
  4° Plantes sarclées, avec 120 quintaux de fumier par arpent ;
  5° Orge ;
  6° Trèfle ;
  7° Froment, avec 120 quintaux de fumier par arpent;
  8° Pois ;
  9° Seigle ;
 10° Avoine.

  Ou bien un assolement tel qu'on en rencontrait fréquemment chez les paysans de la province de Saxe :

  1° Colza avec 120 quintaux de fumier par arpent ;
  2° Froment ;
  3° Orge ;
  4° Pois ;
  5° Seigle ;
  6° Avoine ;
  7° Plantes sarclées avec une fumure de 150 quintaux par arpent ;
  8° Orge ;
  9° Trèfles ne se fauchant qu'une seule fois.

Dans les contrées sablonneuses on rencontre souvent l'assolement suivant :

1° Seigle sur fumure de 120 quintaux par arpent ;
2° Pommes de Terre ;
3° Avoine ;
4° Jachère avec lupins pour engrais verts ;
5° Seigle ;
6° Sarrasin ;
7° Jachère avec fumure de 120 quintaux par arpent ;
8° Seigle ;
9° Avoine ;
10° Trèfle ;

Ou bien :

1° Trèfle, comme pâturage, et en partie carottes blanches;
2° Jachère, au printemps pâturage ;
3° Seigle sur fumure de 120 quintaux par arpent ;
4° Avoine et pommes de terre ;
5° Sarrasin et avoine.

Chacun peut voir facilement combien ces anciens assolements sont défectueux, pauvres en fourrage, en fumier, et épuisants pour le sol. De telles récoltes amènent inévitablement l'épuisement du sol. Nous pourrions encore citer des douzaines d'assolements du vieux système, si nous ne craignions de fatiguer le lecteur.

O vous donc, petits cultivateurs, qui pratiquez encore en masse le vieux système de l'assolement de trois champs que vous avez hérité de vos pères, c'est-à-dire jachère, récoltes d'hiver, plantes d'été, abandonnez au plus vite ce système; cultivez la Betterave, et la propriété vous est assurée. Les plantes sarclées vous donneront du fourrage, le fourrage du fumier, le fumier du blé, et le blé de l'argent. Ce n'est qu'ainsi que nous pourrons aspirer à atteindre la grandeur agricole du peuple anglais. Les agriculteurs intelligents de l'Allemagne, du reste, ne l'ont pas seulement atteinte, mais même ils l'ont surpassée en plusieurs points. Dans l'élevage des bestiaux même, l'Allemagne a vaincu en somme l'Angle-

terre, quoique la première soit assez modeste pour ne pas
exiger un cinquième du prix anglais pour ses taureaux et
et ses béliers reproducteurs.

Qui pourrait, d'après ce qui précède ne pas voir combien
la culture de la Betterave a infiniment relevé la richesse
nationale, vu que nous avons démontré, par plusieurs
exemples au début de ce livre, que des propriétaires qui
cultivent maintenant des Betteraves sur le quart de leurs
terres arables, récoltent néanmoins plus de céréales et
de meilleure qualité qu'ils n'en récoltaient autrefois dans
leurs champs tout entiers. En cela nous ne serons pas
démentis par les cultivateurs intelligents de Betteraves,
et les gouvernements devraient voir là une preuve qu'il
faut chercher à relever la culture de la Betterave et à
protéger l'industrie sucrière du Nord. Depuis vingt ans,
en effet, elle livre du sucre non seulement pour la population qui a augmenté d'un tiers, mais même beaucoup de
millions de quintaux pour l'exportation. Bien plus, c'est
l'industrie sucrière qui donne du pain, au vrai sens du mot,
à la population croissante de jour en jour.

Portons maintenant nos regards sur un autre résultat
assez important pour attirer l'attention de tous les écono-
mistes nationaux sur la Betterave, de préférence aux autres
plantes cultivées. La Betterave nous enrichit

4° *Par son Sucre et son Sirop.*

En faisant l'historique de la Betterave, nous avons déjà
dit comment, au commencement de ce siècle, la découverte
importante du sucre cristallisable de la Betterave, quelque
grande qu'elle parût, ne fit pourtant aucun progrès sérieux,
jusqu'à ce qu'enfin cette industrie obtînt en France, en
Belgique et en Allemagne, de meilleurs succès après 1830,
et qu'elle arrivât à une grande prospérité vers 1845. C'est
ainsi que dans le pays douanier Allemand, on travailla.

En 1836-37.   506.023 quintaux de Betteraves.
    1846-47 :   5.633.848   —   —
    1856-57 : 27.551.208   —   —
    1866-67 : 50.712.709   —   —

Le grand tableau que nous donnons à la fin de cet ouvrage nous fournit des éclaircissements sur le développement de notre puissante industrie pendant les treize dernières années. C'est dans cette période que se produit, ainsi qu'il résulte de la colonne 5 et 6, l'introduction générale du procédé de la diffusion, et par suite de cela, l'agrandissement imprévu des quantités de Betteraves travaillées. C'est un honneur pour les éleveurs de Graine — tandis que d'un côté les Betteraves cultivées par les fabriques dans leurs propres champs, perdaient continuellement en pour cent (voir colonne 10 a), et que la quantité de Betteraves produites par unité de surface, de 1871 à 1883 croissait de 25 % (voir colonne 12), — que comme contraste, le poids de la Betterave nécessaire pour produire 100 kilos de sucre diminuât lentement, mais sûrement (voir colonne 17-19). Dans ces chiffres, insignifiants en apparence, est contenu un grand triomphe de l'élevage moderne des plantes, qui peut produire également la quantité et la qualité.

Considérons cet immense élan de l'industrie sucrière ; calculons que chaque quintal de Betteraves produit de 2 1/2 à 3 francs de sucre ; d'après l'état actuel de l'industrie, cela fait, pour l'Allemagne, une circulation d'argent d'environ 300,000,000 de francs, produits par un terrain de 141,000 hectares environ, ou bien 1,410 kilomètres carrés.

L'importation du sucre colonial dans les Etats douaniers comprit :

	En pains de sucre ou sucre candi. Quintaux.	Sucre en poudre. Quintaux.	Sucre brut pour raffineries.	TOTAL — Quintaux.
1840 :	8.728	143	1.061.057	1.069.928
1850 :	1.468	134	1.051.364	1.052.966
1860 :	1.522	334	183.673	185.529
1867 :	2.020	680	53.512	56.212

Il résulte de ces chiffres que l'importation du sucre colonial a presque disparu, quoique la consommation faite dans les pays douaniers en 1822 se montât à 0,750 gr. par tête, qu'elle fût montée en 1848 à 2 k. 670, et qu'elle soit en 1883 de 8 k. 100 par tête. Ces chiffres démontrent donc clairement de quel essor la culture de la Betterave et la fabrication du Sucre sont encore capables, et combien grande est leur importance au point de vue de l'économie nationale.

Il est difficile d'avoir des chiffres statistiques exacts des autres pays qui cultivent la Betterave et fabriquent le sucre, comme la France, la Belgique, l'Autriche et la Russie ; mais il est incontestable que la culture des Betteraves et l'industrie sucrière y ont fait d'énormes progrès.

Nous avons pour la France un rapport des années 1820 à 1837 que nous mettons sous les yeux dans le tableau suivant accompagné des résultats obtenus de 1859 à 1860 :

ANNÉES	NOMBRE de Fabriques.	QUANTITÉ de Sucre fabriqué. Kilos.	ANNÉES	NOMBRE de Fabriques.	QUANTITÉ de Sucre fabriqué. Kilos.
1820-21	Inconnu.	50.000	1832-33	»	9.000.000
1821-22	»	100.000	1833-34	228	9.300.000
1822-23	»	300.000	1834-35	»	22.500.000
1823-24	»	500.000	1835-36	»	44.000.000
1824-25	»	800.000	1836-37	385	50.000.000
1825-26	»	1.000.000	1859	»	
1826-27	»	1.500.000	1859	349	132.650.671

D'après ce rapport, la quantité de sucre fabriqué avec des Betteraves en France, en 40 ans. de 1820 à 1860, est montée de 50,000 kilos à 132,650,671 kilos. Mais comme en France on ne retirait pas tout à fait 6 % de sucre du poids de la Betterave, la quantité de Betteraves cristallisées comprenait au moins 2.210,844,500 kilogrammes ou bien 44 millions de quintaux (*) de Betteraves, et depuis cette époque la progression ascendante n'a pas discontinué.

_____

(*) Le quintal de 50 kilos.

Nous devons faire entrer en ligne de compte que, en France, dans les départements du Nord, du Pas-de-Calais, et les autres provinces du Nord on fait beaucoup d'alcool de Betteraves, ce qui fait une somme colossale produite par la Betterave.

En Allemagne également on a essayé de faire des eaux-de-vie de Betteraves, mais le système d'impôts en vigueur a empêché cette industrie de se développer. En Autriche, par contre, elle fait des progrès. En Allemagne toutefois on a déjà étudié la question de changer le système actuel d'impôts sur les alcools en un impôt de fabrique.

Depuis quelque temps on fait du sucre avec la mélasse obtenue dans les fabriques de sucre. Pour ce but il y a une foule de procédés, comme élution, procédé Manoury, procédé de substitution, de Strontianite, etc. Dans le premier procédé on traite le sirop avec de la chaux ; on amène une formation calcaire saccharine de laquelle on retire ensuite le sucre. Il est de fait que de cette manière on recueille presque tout le sucre contenu dans le sirop, et que, par suite, il reste moins de mélasse pour la préparation de l'alcool.

Nous passons enfin à une question importante. La Betterave enrichit encore notre nation

5° *Par l'augmentation du Bétail.*

Le bétail, autrefois négligé par l'agriculture, considéré plus tard et malheureusement encore souvent aujourd'hui comme un mal nécessaire, est devenu une source considérable de revenus pour l'agriculture et une bénédiction pour les cultivateurs rationnels, depuis l'introduction de la culture de la Betterave.

La dénomination méprisante de *mal nécessaire* était justifiée il est vrai d'après le point de vue des agriculteurs de l'époque. On ne savait pas nourrir les bestiaux d'une manière utile. On leur donnait le fourrage qu'on avait et dans la mesure de la récolte, On n'avait pas encore divisé les fourrages en *fourrage de conservation, fourrage de nourriture* et *fourrage de gain*. On ne connaissait pas la valeur nutritive effective du fourrage, et on avait des idées singulières et, à peu d'exceptions près, fausses du procédé de nutrition des animaux. De là des maladresses de tout genre ; si un fourrage spécial n'avait pas le succès désiré, on donnait encore plus de fourrage de la même espèce, et, malgré cette consommation considérable, on n'obtenait pas de succès. Aussi le fourrage coûtait-il plus qu'il ne rapportait, et on en arrivait tout naturellement à dire : le bétail est un mal nécessaire, ou en d'autres termes, le fumier produit par les bestiaux est trop cher.

Si quelqu'un s'avisait de tenir aujourd'hui le même langage, on lui répondrait qu'il ne sait pas calculer, qu'il ne connaît ni la méthode juste du fourrage, ni l'emploi précis de son bétail. Le fourrage donné aux bestiaux et rationnellement composé, n'a pas jusqu'ici donné de pertes, mais il a donné un petit profit et dans la plupart des cas, le fumier était un produit net contre lequel il n'y avait à opposer que le risque de tenir des bestiaux et de ne pas retirer les intérêts du capital. Malheureusement ce gain est momentanément mis en question par les produits de viandes américaines qui inondent les marchés de l'Europe ; car l'exportation de nos bestiaux, aussi bien les brebis que les bœufs, n'est plus possible en Angleterre où nous avons à lutter contre la concurrence américaine, et, parce que, de plus, les Anglais par des mesures de police nous ferment leurs marchés pour protéger leurs produits. C'est là ce qu'ils appellent la *liberté du commerce*.

La Betterave ou plutôt son industrie joignit avec harmonie la théorie à la pratique. Des personnes faisant autorité dans la chimie s'adonnèrent à la fabrication du sucre de Betteraves, à l'agriculture ; et ainsi cette industrie fut enrichie de moyens scientifiques, pratiquée par des hommes de science qui enseignèrent que la digestion est un procédé chimique, dans lequel la nourriture donnée se change en autre chose, c'est-à-dire en graisse, viande, tendons, muscles, os, poils, laine, lait, urine et fumier. Les chimistes nous montrèrent qu'il n'y a pas, dans la nature, de panacée universelle qui contienne, dans un mélange rationnel, toutes les matières nécessaires à une nutrition lucrative ; que, il est vrai, un bon trèfle et un bon foin de prairie l'emportent sur tous les fourrages et se rapprochent le plus de cette panacée universelle, et qu'on peut les employer admirablement bien pour nourrir les brebis et les bêtes à corne. Le bon foin de prairie devint, par le fait, le pivot de leurs calculs postérieurs et nous allons donner le tableau de la valeur du foin pour les rhizocorpes, d'après le Dr Wolff.

Toute autre plante, notamment la Betterave, s'éloigne essentiellement du contenu de la Panacée universelle. Et cependant nous avons déjà démontré la valeur de la Betterave comme Fourrage, en faisant ressortir la qualité des substances désazotées qu'elle contient en grand nombre. De là surgit, provoqué par la composition de la Betterave et des résidus de diffusion, le besoin d'un affourragement rationnel, qui a été introduit effectivement par tous les agriculteurs et les cultivateurs de Betteraves intelligents. Cet affourragement rationnel consiste à donner à un animal déterminé les substances dont il a besoin, d'après son poids vivant, pour atteindre un but déterminé. Les chimistes nous ont appris que certains fourrages rendent divers produits animaux ; ils nous ont appris qu'il y a des nourritures avec et sans azote ; que celles qui n'ont pas d'azote servent à la formation de la graisse et à la production de la chaleur, tandis que les autres forment principalement l'ossature, la viande et les muscles.

Nous avons appris, en outre, que d'après le but que nous poursuivons dans l'affourragement d'un animal, le mélange de fourrage doit correspondre au but, si nous ne voulons pas faire de dépenses trop grandes, et que la partie de fourrage qui dépasse la proportion juste est du fourrage perdu.

ESPÈCES des MATIÈRES FOURRAGÈRES	Valeur de la Nourriture (calculée d'après le rapport des matières azotées aux matières désazotées comme 1:5) — Pour le contenu de 100 parties de matières nutritives	— Pour l'utilisation de 100 parties de matières nutritives	l'équivalent d'utilisation exprimé en valeur du foin	QUANTITÉ TOTALE des Matières nutritives en 100 parties	MATIÈRES NUTRITIVES azotées en 100 parties	MATIÈRES NUTRITIVES désazotées en 100 parties	RAPPORT entre les deux	TIGES LIGNEUSES en 100 parties	RAPPORT entre les fibres ligneuses et les matières nutritives	EAU en 100 parties	QUANTITÉ DE CENDRES en 100 parties
Foin moyen de prairie	203	326	100	49.5	8.2	41.3	1: 1.26	30.0	1: 1.26	14.3	6.2
Fruits à racine :											
Pommes de terre	565	565	174	22.7	1.7	21.0	1: 18.92	1.2	1: 18.92	75.0	1.1
Topinambour	652	652	200	17.6	2.0	15.6	1: 13.54	1.3	1: 13.54	80.0	1.1
Betterave fourragère, pesant 3 livres environ	1.174	1.174	360	10.2	1.0	9.2	1: 11.33	0.9	1: 11.33	88.0	0.9
Betterave à sucre pesant 2 livres	854	854	262	16.3	0.8	15.5	1: 12.54	1.3	1: 12.54	81.5	0.9
Navets	964	954	296	10.9	1.6	9.3	1: 9.91	1.4	1: 9.91	87.0	1.0
Carotte pesant environ 1 livre	1.028	1.028	316	11.4	1.2	10.2	1: 8.77	1.3	1: 8.77	85.5	0.8
Navet d'août	1.680	1.680	516	6.7	0.8	5.9	1: 6.70	1.0	1: 6.70	91.5	0.8
Betterave Turnips	1.570	1.570	482	6.1	1.1	5.1	1: 6.10	1.0	1: 6.10	92.0	0.8
Chou Cabus	1.128	1.384	424	8.8	1.5	7.3	1: 4.40	2.0	1: 4.40	88.0	1.2
Trognon de Chou	941	1.140	350	13.3	1.1	12.2	1: 4.75	2.8	1: 4.75	82.0	1.9
Feuilles de la Betterave	1.543	1.857	570	4.4	1.6	2.8	1: 4.72	1.3	1: 4.72	90.5	1.8

Comme bonne proportion des fourrages azotés (substances de protéine), aux fourrages désazotés (sucre, amidon, etc.), les chimistes donnent la proportion de 1 à 4, tout au plus 5, et prétendent qu'on peut affourrager sans danger comme 1 à 3 et encore plus fortement.

La discussion à ce sujet dure encore et n'est pas près de finir. Nous sommes donc arrivés à mélanger le fourrage d'après le besoin de nos bestiaux et d'après le but que nous poursuivons dans l'affourragement. Les bêtes qu'on attelle doivent être affourragées autrement que celles qu'on engraisse, et c'est une erreur très répandue que de croire pouvoir engraisser avantageusement un bœuf ou un mouton avec des Betteraves seules.

Cet engraissage durerait beaucoup trop longtemps et serait beaucoup trop coûteux, parce que dans la Betterave il n'y a pas de proportion juste entre la nourriture désazotée et la nourriture azotée; par conséquent, une grande quantité de matières nutritives désazotées se perdraient sans utilité dans le corps, et nous les retrouverions dans le fumier comme des produits à peu près sans valeur.

C'est ainsi que si l'affourragement avec des Pommes de terre n'est pas proportionné, il se perd une quantité de fécules dans le fumier, et n'a, comme nourriture pour les plantes qu'une valeur très minime. Il faut donc mélanger dans une juste proportion avec les Betteraves et les Pommes de terre, des Tourteaux de colza, de la Mouture et du Foin.

Un grand bœuf aura donc assez à manger par jour avec 1/2 quintal de Betteraves rationnellement mélangées avec du Fourrage; tout au plus lui en faudra-t-il 2/3 de quintal.

Pour les moutons, les moutons à engraisser notamment, les Betteraves sont un fourrage excellent; et en y ajoutant un peu de foin, on peut les considérer comme un fourrage d'engrais excellent, vu qu'il s'agit principalement ici de formation de graisse. Le résidu de la Betterave (pulpes) est également un fourrage excellent, trop peu considéré jusqu'ici, et avec un supplément de substances désazotées, il dépasse effectivement la valeur que lui attribuent les chimistes. Il n'y a que quelques fabriques, en Allemagne, où on est encore partisan des pulpes de presse hydraulique, et comme le procédé de diffusion est déjà introduit dans presque toutes et le procédé de pressurage entièrement mis de côté, ce que nous dirons encore de la valeur du fourrage reposera sur les cossettes de diffusion. Or, comme dans les pays douaniers, parmi 200 millions de quintaux de Betteraves récoltées il y a environ 80 millions de quintaux de rognures employées comme fourrage et représentant une valeur de 25,000,000 de marcs, nous sommes bien forcés d'accorder à la Betterave une grande valeur au point de vue de l'économie nationale.

De nouvelles recherches démontrent qu'un quintal de Betteraves produit 0,750 gr. de viande ; on a même prétendu, mais probablement à tort, qu'il produit un kilogr. (Assemblée générale de la société pour l'industrie du sucre de Betteraves en Autriche, à Prague, les 27 et 29 juin 1858). Les 80 millions de quintaux donnent d'après cela annuellement 60,000,000 kilog. de viande.

Calculons la viande à un marc le kilog., il s'ensuit que les résidus de la Betterave produisent en Allemagne seulement pour environ 60,000,000 de marcs de viande. Mentionnons enfin encore ici un facteur, assez grand et assez important pour être mis en ligne de compte, nous voulons dire les feuilles de la Betterave.

Les 200 millions de quintaux de Betteraves récoltées annuellement en Allemagne, donnent environ 40,000,000 de quintaux de feuilles de Betteraves. Or, le quintal vaut bien 25 centimes, vu qu'on peut les conserver fraîches et vertes, salées ou non, dans des trous pratiqués dans la terre et les utiliser jusque dans l'été comme fourrage pour les bestiaux. Mais il ne faut pas en affourrager les bestiaux sans les mélanger avec de la mouture et des tourteaux de colza ; ce serait malsain et cher, car les bestiaux prendraient facilement la diarrhée, maigriraient et tomberaient malades.

D'après cela, la valeur en argent des feuilles des Betteraves récoltées en Allemagne se monte à 8,000,000 de marcs environ annuellement.

La preuve de l'accroissement énorme de la production de viande et des animaux engraissés ressort aussi de ce fait, à savoir que malgré une consommation, double depuis vingt ans, par tête de la population, on exporte néanmoins dans la plupart des années quantité d'animaux gras par Brême, Hambourg, Stettin, et même en France. Encore quelque temps, et les districts du continent qui cultivent la Betterave surpasseront la fière Angleterre dans sa production de viande et dans son élevage des animaux; car en général les agriculteurs intelligents ne le cèdent déjà en rien aux Anglais sous ce rapport, ainsi que nous l'avons déjà dit.

Au moment où nous écrivons ces lignes, les agriculteurs souffrent énormément de la concurrence de l'importation de viande de l'Amérique en Angleterre, en France et même en Allemagne; car on n'exporte pas seulement en ces pays des conserves de viande en quantité, mais même des animaux fraîchement tués et emballés dans la glace, et les Américains nous disputent ainsi le marché. Cette concurrence durera-t-elle ? C'est ce que nous verrons, car les rapports avec l'Amérique sont inconstants.

Nous terminons enfin notre travail en désirant que nos lecteurs examinent tout ce que nous avons dit, et retiennent ce qu'il y a de meilleur. Puissent les agriculteurs qui n'aiment pas encore la culture de la Betterave trouver dans ces lignes une excitation et un encouragement à s'en occuper davantage pour leur profit. Mais ceux d'entre eux qui sont plus avancés que nous dans la culture et la science, nous les prions de ne pas nous juger trop sévèrement. Qu'ils veuillent bien reconnaître qu'en confiant au papier nos pensées et les résultats de notre expérience, nous n'avons eu en vue que le bien de tous, car pour nous c'est un article de foi que : *Une culture étendue de la Betterave est la plus grande bénédiction pour un pa[ys].*

BEAUVAIS

Imprimerie de L'INDÉPENDANT, 23, rue Saint-Pantaléon.

RÉSULTATS DE LA CULTURE DE LA BETTERAVE

Pendant les campagnes 1871-72 à 1883-84 (*)

Nombre, Agencement et Temps de travail des Fabriques de Sucre dans les pays douaniers allemands ; Production et Travail de la Matière première.

(D'après le Journal de Prague, intitulé : Marché au Sucre.)

ANNÉES ou CAMPAGNES de Fabrication.	NOMBRE DE FABRIQUES en ce périmètre.	MACHINES À VAPEUR employées dans les fabriques :				NOMBRE des fabriques dans la 6e colonne et produisant le sucre au moyen de :	QUANTITÉS DE BETTERAVES EMPLOYÉES			QUINTAUX (100 kilogr.) contenus dans le total de la 9e colonne et produits par les fabriques sur leurs propres terres. (n) Quantités proportionnelles employées en tant pour cent.	Ces betteraves furent récoltées sur hectares :	SUR UN HECTARE en mètres (9 et 11) d'après col. 3 et 10	NOMBRE DE JOURNÉES de 12 heures de travail :		Dans une journée de 12 h. de travail, on travailla de betteraves :		POUR PRODUIRE 100 kilos DE SUCRE il fallut de betteraves :		
		Force totale en chevaux	Nombre.	Diffusion.	Autres procédés.		Dans les fabriques travaillant avec diffusion. Quintaux de 100 kilog.	Dans les autres fabriques. Quintaux de 100 kilog.	TOTAL. Quintaux de 100 kilog.			Quintaux de bett.	Dans les fabriques travaillant avec diffusion.	Dans les autres.	Quintaux de 100 k.	Quintaux de 100 k.	Dans les fabriques travaillant avec diffusion. Quintaux de 100 kil.	Dans les autres. Quintaux de 100 kil.	En tout. Quintaux de 100 kil.
1	2	3	4	5	6	7	8	9	10	11	12	13	14	15	16	17	18	19
1871-72...	311	1.924	19.162	57	270	3.631.730	18.874.446	22.505.582	15.041.540 (n) 66,8	73.060	301	64.451		461	332	11,02		12,07
1872-73...	324	2.076	19.053	63	201	7.191.054	44.680.864	51.815.398	27.061.014 (n) 66,0	82.500	354	14.953	72.371				12,18	12,11
1873-74...	337	2.893	21.064	80	257	9.032.452	25.655.197	35.287.649	24.201.903 (n) 68,0	88.877	272	18.770	7c.715	513	384	11,09	12,30	12,12
1874-75...	363	2.253	22.712	113	246	11.858.927	15.709.414	27.567.451	19.069.917 (n) 62,2	92.656	296	23.081	46.039	541	535	10,43	11,01	10,78
1875-76...	342	2.300	23.525	157	175	23.350.417	18.262.426	41.612.812	28.283.064 (n) 68,2	96.721	290	40.769	60.806	573	559	11,44	11,80	11,62
1876-77...	324	2.570	21.023	167	131	24.055.863	11.474.483	35.500.346	24.901.587 (n) 70,1	96.725	2c2	59.557	31.031	607	570	12,14	12,53	12,27
1877-78...	320	2.113	20.788	204	105	30.063.893	10.300.167	40.380.060	28.727.752 (n) 70,2	104.780	274	48.503	89.737	680	683	10,00	11,55	10,82
1878-79...	324	2.451	20.882	250	68	20.063.155	6.624.322	46.587.477	31.110.205 (n) 67,5	107.679	280	58.505	17.090	675	589	10,78	11,40	10,96
1879-80...	328	2.677	20.506	291	27	44.999.073	4.404.542	48.652.615	28.505.861 (n) 59,3	113.003	352	52.503	8.046	714	410	11,00	12,32	11,74
1880-81...	333	2.812	22.592	300	24	54.507.400	2.024.570	63.522.109	38.710.787 (n) 61,2	118.431	327	75.977	6.975	708	432	11,34	12,10	11,37
1881-82...	313	3.046	25.450	304	10	61.024.847	1.604.632	62.719.479	31.417.555 (n) 51,7	121.256	283	72.019	4.276	847	396	10,44	11,13	10,46
1882-83...	334	3.305	46.515	323	15	85.670.653	1.801.902	87.471.507	41.466.314 (n) 50,0	120.252	344	91.944	3.508	946	377	10,49	11,77	10,51
1883-84...	376	3.715	46.156	368	8	86.470.208	765.625	89.481.383	42.650.629 (n) 47,2	140.843	299	87.987	1.999	1196	358	9,48	10,36	9,49
Moyenne des 12 années, de 1872-73 à 1883-81.																		
Moyenne des 13 années, de 1871 à 1883-84 ..	315	2.563	28.293	214	121	37.742.070	10.683.832	48.425.902	29.273.300 (n) 60,2	105.271	278	80.074		667				10,03

(*) Les années 1871-72 jusqu'à 1879-80, s'étendent depuis le 1er septembre jusqu'au 31 août ; l'année 1880-81, depuis le 1er septembre jusqu'au 31 juillet ; les années suivantes comprennent le temps écoulé du 1er août au 31 juillet.

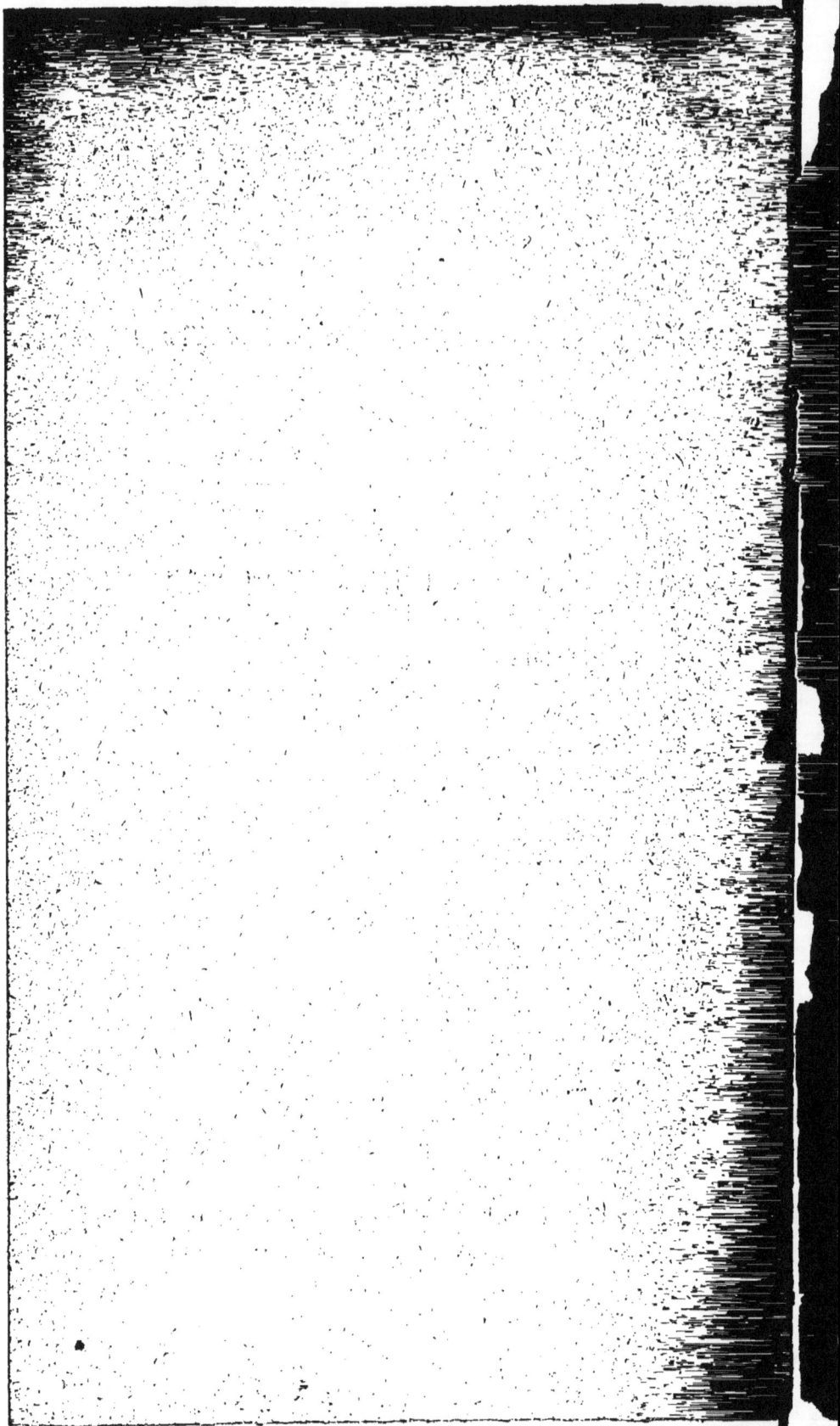

www.ingramcontent.com/pod-product-compliance
Lightning Source LLC
Chambersburg PA
CBHW031326210326
41519CB00048B/3359